装配式建筑系列新形态教材

装配式建筑施工

文 畅 张永强 主编

清华大学出版社
北 京

内 容 简 介

本书系统地介绍了装配式建筑施工的专业知识和职业技能,在内容选择上注重职业人才培养的针对性,突出职业能力的形成,追求职业技能和职业精神高度融合,以装配式建筑施工核心技能为出发点,以任务驱动为基本教学方法,以培养学生的职业能力为目标。本书配套资源丰富,整合各类教学资源,使书中内容形式多样、重点突出、通俗易懂。学习本书内容,有助于在校学生和企业员工加深对装配式混凝土建筑施工技术的理解。本书共分为 6 个部分,包括施工基本知识、装配式混凝土构件施工准备、装配式混凝土构件吊装施工、构件连接施工、装配式建筑防水施工、装配式建筑施工管理等内容。

本书可作为高等院校土木工程类相关专业的教学用书,也可作为职业院校、培训机构及土建类工程技术人员的参考用书。

图书在版编目(CIP)数据

装配式建筑施工/文畅,张永强主编. —北京:清华大学出版社,2022.8(2024.8重印)
装配式建筑系列新形态教材
ISBN 978-7-302-61593-4

Ⅰ.①装… Ⅱ.①文… ②张… Ⅲ.①装配式构件-建筑施工-教材 Ⅳ.①TU3

中国版本图书馆 CIP 数据核字(2022)第 144360 号

责任编辑:杜　晓
封面设计:曹　来
责任校对:袁　芳
责任印制:沈　露

出版发行:清华大学出版社
　　　　网　　　址:https://www.tup.com.cn,https://www.wqxuetang.com
　　　　地　　　址:北京清华大学学研大厦 A 座　　　　　　邮　　编:100084
　　　　社 总 机:010-83470000　　　　　　　　　　　　　邮　　购:010-62786544
　　　　投稿与读者服务:010-62776969,c-service@tup.tsinghua.edu.cn
　　　　质量反馈:010-62772015,zhiliang@tup.tsinghua.edu.cn
　　　　课件下载:https://www.tup.com.cn,010-83470410
印　装　者:三河市铭诚印务有限公司
经　　销:全国新华书店
开　　本:185mm×260mm　　　　印　　张:12.5　　　　字　　数:282 千字
版　　次:2022 年 10 月第 1 版　　　　　　　　　　　印　　次:2024 年 8 月第 3 次印刷
定　　价:49.00 元

产品编号:098885-01

前　言

我国对建筑行业转型升级的决心和重视程度不言而喻,各部门对推进建筑产业现代化、推动新型建筑工业化、发展装配式建筑给予了大力支持。近年来随着装配式建筑施工技术发展迅速,技能人才的需求量越来越大,培养具备装配化施工技能与施工质量管理能力的工程技术人员十分重要。本书以培养装配式建筑施工方面的技术管理人才为目标,遵循职业教育技能人才成长规律,在内容选择上注重职业人才培养的针对性,突出职业能力的形成,追求职业技能和职业精神高度融合,以装配式建筑施工核心技能为出发点,以任务驱动为基本教学方法,以培养学生的职业能力为目标,整合各类教学资源,使教材内容形式多样、重点突出、通俗易懂。本书为新形态教材,书中有配套微课,读者可以扫描二维码在线学习。

本书为江苏城乡建设职业学院工程造价省级高水平专业群建设立项教材(项目编号:ZJQT21002307),结合行业规范、企业需求及装配式建筑发展趋势,确定编写思路和内容要求,助力专业建设内涵发展。本书共分为6个项目,项目1为施工基本知识、项目2为装配式混凝土构件施工准备、项目3为装配式混凝土构件吊装施工、项目4为构件连接施工、项目5为装配式建筑防水施工、项目6为装配式建筑施工管理。本书由江苏城乡建设职业学院文畅、张永强担任主编,江苏城乡建设职业学院周征、蔡雷担任副主编。具体编写分工如下:项目1、项目3、项目4由文畅编写,项目2由张永强编写,项目5由周征编写,项目6由蔡雷编写。本书的编写得到了南京大地建设预算审计处赵振飞同志的技术支持,在此表示衷心的感谢!

本书在编写过程中参考了大量文献资料,在此对原作者表示感谢。由于编者的学术水平和实践经验有限,书中难免存在不妥和疏漏之处,敬请同行专家和广大读者批评、指正,不胜感激。

编　者

2022 年 4 月

目　录

项目 **1** 施工基本知识

知识目标

1. 熟悉装配式混凝土建筑结构基本知识。
2. 熟悉装配式构件的种类及使用特点。
3. 掌握起重设备与吊具的应用。
4. 掌握装配式构件支撑系统的使用要求。
5. 掌握装配式构件的基本连接方式。

项目背景材料

改革开放以来,我国建筑业仍是一个劳动密集型、建造方式相对落后的传统产业,尤其在房屋建造的整个生产过程中,高能耗、高污染、低效率、粗放的传统建造模式与当前的新型城镇化、工业化、信息化发展的要求不相适应。装配式建筑规范标准自 2015 年以来密集出台,2015 年年末住房和城乡建设部发布《工业化建筑评价标准》(GB/T 51129—2015),该标准是我国第一部工业化建筑评价标准,对规范我国工业化建筑评价,推进建筑工业化发展,促进传统建造方式向现代工业化建造方式转变,具有重要的引导和规范作用,也是推动建筑产业现代化持续健康发展的重要基础。2016 年 9 月 27 日,国务院办公厅出台《国务院办公厅关于大力发展装配式建筑的指导意见》(国办发〔2016〕71 号),要求以京津冀、长三角、珠三角三大城市群为重点推进地区,常住人口超过 300 万的其他城市为积极推进地区,其余城市为鼓励推进地区,因地制宜发展装配式混凝土结构、钢结构和现代木结构等装配式建筑。2017 年,住房和城乡建设部印发《"十三五"装配式建筑行动方案》(建科〔2017〕77 号),鼓励各地制定更高的发展目标,建立健全装配式建筑政策体系、规划体系、标准体系、技术体系、产品体系和监管体系,形成一批装配式建筑设计、施工、部品部件规模化生产企业和工程总承包企业,形成装配式建筑专业化队伍,全面提升装配式建筑质量、效益和品质,实现装配式建筑全面发展。

任务 1.1 认识装配式建筑结构

1.1.1 任务描述

将建筑的部分或全部构件在工厂预制完成,然后运输到施工现场,将预制构件通过可靠的连接方式组装而成的建筑,称为装配式建筑。装配式混凝土结构是由预制混凝土构件或部件通过可靠的连接方式装配而成的混凝土结构,包括装配整体式混凝土结构、全装配混凝土结构等。为满足因抗震而提出的"等同现浇"要求,目前常采用装配整体式混凝土结构,即由预制混凝土构件或部件通过可靠的方式进行连接,并与现场后浇混凝土、水泥基灌浆料形成整体的装配式混凝土结构。装配式混凝土结构承受竖向及水平荷载的基本单元主要为框架和剪力墙,这些基本单元可组成不同的结构体系。

1.1.2 任务分解

1. 装配式混凝土建筑技术体系按结构形式有哪些?

2. 装配整体式剪力墙结构的连接方式有哪些?

3. 现阶段如何对装配式建筑进行评价?

4. 如何对装配式建筑评价等级进行划分?

1.1.3 任务实施

1. 重难点

(1) 装配整体式结构体系的分类及特点。

(2) 装配式建筑、装配式建筑的构件系统、装配率、装配式建筑评价。

2. 分组安排

具体任务分组安排如表 1-1 所示，教师可根据现场情况进行分组安排。

表 1-1　学习分组表

班级		组号		指导教师	
组长		学号			
组员	任务分工	任务准备情况		任务学习进度	

3. 任务学习内容

1）装配式混凝土建筑技术体系

全装配混凝土结构主要应用于多层建筑，主要指多层装配式墙－板结构，这种结构的特点是全部墙、板采用预制构件，通过可靠的连接方式进行连接，采用干式工法施工，干式连接暂无成熟的技术规范。

装配整体式混凝土结构是指由预制混凝土构件通过可靠的方式进行连接，并与现场后浇混凝土、水泥基灌浆料形成整体的装配式混凝土结构。在相关标准及规程中，装配式混凝土建筑一般建议应用装配整体式混凝土结构，所以按结构体系类型分为装配整体式剪力墙结构、装配整体式框架结构、装配整体式框架－剪力墙结构。在我国的建筑市场中，剪力墙结构体系一直占据重要地位，其在居住建筑中可作为结构墙和分隔墙，因其具有无梁、柱外露等特点而得到市场的广泛认可。近年来，装配整体式剪力墙结构发展非常迅速，应用量不断加大，不同形式、不同结构特点的装配整体式剪力墙结构建筑不断涌现，北京、上海、天津、哈尔滨、沈阳、合肥、深圳等诸多城市中均有大量建筑应用该结构。

由于技术和使用习惯等，我国装配整体式框架结构的应用较少，该结构适用于低层、多层建筑和高度适中的高层建筑，主要应用于厂房、仓库、商场、办公楼、教学楼、医务楼等建筑，这些建筑要求具有开敞的大空间和相对灵活的室内布局。总体而言，目前国内的装配整体式框架结构很少应用于居住建筑。装配整体式框架－剪力墙结构是由框架和剪力墙共同承受竖向和水平作用的结构，兼有框架结构和剪力墙结构的特点，体系中剪力墙和框架的布置灵活，较易实现大空间和较高的适用高度，可广泛应用于居住建筑、商业建筑、办公建筑等。目前，装配整体式框架－剪力墙结构仍处于研究、完善阶段，国内应用不多。

装配整体式剪力墙结构是由全部或部分经整体或叠合预制的混凝土剪力墙构件或部件，通过各种可靠方式进行连接并现场浇筑混凝土共同构成的装配整体式预制混凝土剪力墙结构（图 1-1）。其构件之间采用湿式连接，结构性能和现浇结构基本一致，主要按照现浇结构的设计方法进行设计。装配整体式框架结构按照材料可分为装配整体式混凝土框架结构、装配整体式钢框架结构和装配整体式木框架结构。装配整体式框架结构的主要特点是:连接节点简单,结构构件的连接可靠并容易得到保证,方便采用等同于现浇的设计概念;框架结构布置灵活,容易满足不同的建筑功能需求;结合外墙板、内墙板及预制楼板或预制叠合楼板应用,装配率可以达到很高水平,适合建筑工业化发展。装配式框架—剪力墙结构根据预制构件部位的不同,可分为装配整体式框架—现浇剪力墙结构、装配整体式框架—现浇核心筒结构、装配整体式框架—剪力墙结构三种形式。其中装配整体式框架—现浇剪力墙结构的施工现场同时存在预制装配和现浇两种作业方式,施工组织和管理复杂,效率不高;装配整体式框架—现浇核心筒结构的施工难度大,施工工艺复杂,需要处理好筒体结构与框架结构的施工交叉影响;装配整体式框架—剪力墙结构处于研究阶段,目前应用数量较少。

图 1-1　装配整体式剪力墙结构

　　2)《装配式建筑评价标准》简介

　　《装配式建筑评价标准》(GB/T 51129—2017)自 2018 年 2 月 1 日起实施,该标准的编制是以促进装配式建筑的发展、规范装配式建筑的评价为目标,根据系统性的指标体系进行综合打分,采用装配率来评价装配式建筑的装配化程度。《装配式建筑评价标准》(GB/T 51129—2017)共设置 5 章 28 个条文,其中总则 4 条,术语 5 条,基本规定 4 条,装配率计算13 条,评级等级划分 2 条。

　　(1) 适用范围

　　《装配式建筑评价标准》(GB/T 51129—2017)适用于评价采用装配方式建造的民用建筑,包括居住建筑和公共建筑。对于一些与民用建筑相似的单层和多层厂房等工业建筑,如精密加工车间、洁净车间等,当符合本标准的评价原则时,可参照执行。

　　(2) 装配式建筑的评价指标

　　《装配式建筑评价标准》(GB/T 51129—2017)规定装配式建筑的评价指标统一为"装配率",明确了装配率是对单体建筑装配化程度的综合评价结果,装配率具体定义为:单体建筑室外地坪以上的主体结构、围护墙和内隔墙、装修和设备管线等采用预制部品部件的综合比例。依据《装配式建筑评价标准》(GB/T 51129—2017),装配式建筑应同时满足下列要求:

① 主体结构部分的评价分值不低于 20 分；

② 围护墙和内隔墙部分的评价分值不低于 10 分；

③ 采用全装修；

④ 装配率不低于 50%。

（3）装配率计算

《装配式建筑评价标准》（GB/T 51129—2017）第 3.0.1 条规定，装配率计算和装配式建筑等级评价应以单体建筑作为计算和评价单元，并应符合下列规定：

① 单体建筑应按项目规划批准文件的建筑编号确认；

② 建筑由主楼和裙房组成时，主楼和裙房可按不同的单体建筑进行计算和评价；

③ 单体建筑的层数不大于 3 层，且地上建筑面积不超过 500m² 时，可由多个单体建筑组成建筑组团作为计算和评价单元。

装配式建筑评分要求见表 1-2。装配率应根据评价项分值按下式计算：

$$P = \frac{Q_1 + Q_2 + Q_3}{100 - Q_4} \times 100\%$$

式中 P——装配率；

   Q_1——主体结构指标实际得分值；

   Q_2——围护墙和内隔墙指标实际得分值；

   Q_3——装修和设备管线指标实际得分值；

   Q_4——评价项目中缺少的评价项分值总和。

表 1-2   装配式建筑评分表

评价项目		评 价 要 求	评价分值	最低分值
主体结构 （50分）	柱、支撑、承重墙、延性墙板等竖向构件	35%≤比例≤80%	20～30*	20
	梁、板、楼梯、阳台、空调板等构件	70%≤比例≤80%	10～20*	
围护墙和 内隔墙 （20分）	非承重围护墙非砌筑	比例≥80%	5	10
	围护墙与保温、隔热、装饰一体化	50%≤比例≤80%	2～5*	
	内隔墙非砌筑	比例≥50%	5	
	内隔墙与管线、装修一体化	50%≤比例≤80%	2～5	
装修和 设备管线 （30分）	全装修	—	6	6
	干式工法楼面、地面	比例≥70%	6	—
	集成厨房	70%≤比例≤90%	3～6*	
	集成卫生间	70%≤比例≤90%	3～6*	
	管线分离	50%≤比例≤70%	4～6*	

注：表中带"＊"项的值采用内插法计算。

（4）装配式建筑等级评价

《装配式建筑评价标准》（GB/T 51129—2017）中规定了装配式建筑的认定评价与等级

评价两种评价方式,对装配式建筑设置了相对合理可行的"准入门槛",达到最低要求时,才能认定为装配式建筑,再根据分值进行等级评价。

装配式建筑评价一般可以在设计阶段进行预评价,主要是对项目设计方案做出预判与优化,对项目设计采用新技术、新产品和新方法等的评价方法进行论证和确认,为施工图审查、项目统计与管理等提供基础性依据,并按设计文件计算装配率。在设计阶段可以进行预评价,但预评价不是必须执行的程序。

装配式建筑评价主要在项目竣工验收后依据验收资料进行,根据竣工验收资料计算装配率和确定评价等级。主要工作是对项目实际装配率进行复核,进行装配式建筑的认定,根据项目申请,对装配式建筑进行等级评价。

装配式建筑两种评价方式之间存在 10 分的差值,在项目成为装配式建筑与项目具有评价等级之间存有一定空间,为地方政府制定奖励政策提供弹性范围。

装配式建筑评价应在项目竣工验收后进行,并应按竣工验收资料计算装配率和确定评价等级。当评价项目满足《装配式建筑评价标准》(GB/T 51129—2017)所规定的基本要求,且主体结构竖向构件中预制部品部件的应用比例不低于 35% 时,可进行装配式建筑等级评价。装配式建筑评价等级划分为 A 级、AA 级、AAA 级,并应符合下列规定:

① 装配率为 60%～75% 时,评价为 A 级装配式建筑;

② 装配率为 76%～90% 时,评价为 AA 级装配式建筑;

③ 装配率为 91% 及以上时,评价为 AAA 级装配式建筑。

3)装配式建筑的优势

为了降低建筑能耗、减少建筑业所带来的环境问题,政府大力提倡资源节约的新型建造方式,装配式建筑正符合了这一要求。装配式建筑具有工业化水平高、便于冬期施工、减少施工现场湿作业量、减少材料消耗、减少工地扬尘和建筑垃圾等优点,有利于实现提高建筑质量和生产效率、降低成本、节能减排和保护环境的目的。发展装配式建筑是建筑行业意义深远的重大变革,而技术体系和标准规范是引领这场变革的重要技术支撑。

装配式建筑构件是在工厂预制的,有利于提高施工质量,能最大限度地改善墙体开裂等质量通病,并提高住宅整体安全等级、防火性和耐久性。装配式建筑比传统建筑进度快30% 左右,有利于加快工程进度。装配式建筑与装配式装修技术结合,有利于提高建筑品质,可实现即拆即装、又快又好的建造模式。装配式建筑采用的外挂板为两面混凝土、中间夹 50mm 厚挤塑板,使建筑的保温性能较传统建筑的外墙外保温或外墙内保温性能更好,同时也解决了传统建筑因为做了外保温而带来的外墙面装修脱落现象。装配式建筑由于采用工厂化生产,使得施工现场的建筑垃圾大量减少,因而更环保,也有利于文明施工、安全管理。传统作业现场有大量的工人,现在把大量工地作业移到工厂,现场只需留小部分工人就可以,从而大大减少了现场安全事故发生率,更有利于环境保护、节约资源,现场原始现浇作业极少,健康不扰民。装配式建筑由于叠合板做楼板底模,外挂板作剪力墙的一侧模板,因此节省了大量的模板。装配式建筑由于大量的墙板及预制叠合板都在工厂生产,从而大量减少了现场施工强度,省去了砌筑和抹灰工序,从而缩短了整体工期。

4)装配式建筑的发展

国内的装配式建筑技术经过了一系列的发展阶段,在发展初期阶段(1950—1978 年),

建立了工业化的初步基础,建筑工业化快速发展。相比美国、法国等发达国家,我国装配式建筑行业发展较晚,1956年5月国务院发布了《关于加强和发展建筑工业的决定》,提出要着力提高中国建筑工业的技术、组织和管理水平,逐步实现建筑工业化,以改善我国建筑工业基础差、技术装备落后、管理制度不健全等问题。此政策文件的出台为行业的开端奠定了重要基础,明确了建筑工业化的发展方向,但由于各种因素的制约,此阶段的装配式建筑技术对建筑行业的发展影响有限。

改革开放后,中国装配式建筑逐渐从停滞期进入缓慢发展期(1978—2010年),政府宏观层面上制定的发展战略为行业发展注入新的能量,推动行业技术积累、产品研发以及应用试点等工作的开展。业内出现了大板建筑、砌块建筑等预制构件,但是受限于技术实力,装配而成的建筑存在一定的质量问题,如密封不严、隔声效果不佳等。另外,现浇技术水平的提升吸引农民工进入传统建筑市场,提升了现浇施工方式效率并降低了施工成本,在一定程度上增强了装配式建筑行业的关注度以及推进行业的发展。20世纪90年代后,政府相关主体再次发布一系列政策文件,大力推行住宅产业化,一方面是为了满足该时期大量商品房的建设需求,另一方面旨在提升装配式建筑的技术积累、推动行业应用,并提升行业市场化程度,这一时期,尽管政府主体对于行业发展重视度较高,也通过出台利好政策大力扶持行业发展,但是受限于技术积累较浅、市场化程度尚待提高、产业基础相对薄弱、市场活跃度有限等因素,行业发展相对缓慢。

快速发展期(2011年至今),自"十二五"开始,行业逐步进入快速发展期。预制构件生产技术日益成熟、建筑业环保理念的深入和建筑材料逐渐丰富均为装配式建筑的发展奠定了关键的基础,初步建立装配式施工地方标准,引进与吸收国外技术,在国内进行实践。

1.1.4 任务评价

认识装配式建筑需要了解装配式构件体系和装配率的计算过程,通过对所学习的知识和技能进行评价,有利于培养学生严谨、认真、负责的学习品质和个性特征,同时也可以促使学生进行自我反思,学会对事,对人做出客观、科学的价值判断,并学会自我评价。学习评价表如表1-3所示,本课程的学习评价主要采用个人学习任务完成情况描述、小组学习任务检查和教师评价相结合的方式,综合考虑学生的课堂表现、成果完成过程和学习成果情况等因素进行评分。

表1-3 学习评价表

评价指标	个人任务完成情况描述	小组检查	教师评价	分值	得分
课前准备				10	
学习过程				10	
学习态度				20	
学习纪律				10	
成果完成				15	

续表

评价指标	个人任务完成情况描述	小组检查	教师评价	分值	得分
课后拓展				10	
自评反馈				25	
	汇总得分				

任务小结

任务 1.2 认识预制构件

1.2.1 任务描述

2020 年 8 月 28 日,住房和城乡建设部、教育部、科技部、工业和信息化部等九部门联合印发《关于加快新型建筑工业化发展的若干意见》,该意见提出要优化构件和部品部件生产,推动构件和部件标准化。装配式混凝土结构应用的建筑类型以住宅建筑为主体,并逐步向学校、办公建筑、停车楼、精密车间等建筑类型发展。预制混凝土构件是指在工厂或现场预制的混凝土构件,简称预制构件。在装配式混凝土结构中,常用的预制构件主要包含预制剪力墙、叠合板、叠合梁、预制柱、预制外挂墙板、预制楼梯、预制内隔墙、叠合阳台板、预制女儿墙等。其中叠合板、叠合梁、预制楼梯等构件类型应用范围最广,并逐步向预制柱、预制剪力墙、预制外挂墙板、预制内墙板等功能性部品部件方向发展。随着装配式技术的应用,建筑类型不断扩展,预制构件也会得到更大的发展。

1.2.2 任务分解

1. 什么是预制混凝土构件? 常见的预制构件有哪些?

2. 叠合楼板的特点有哪些?

3. 现阶段预制外挂墙板的应用前景如何?

4. 如何对预制构件进行分类？

_____

_____

_____

_____

1.2.3　任务实施

1. 重难点

（1）预制构件的类型及特点。

（2）预制构件的应用情况。

2. 分组安排

具体任务分组安排如表 1-4 所示，教师可根据现场情况进行分组安排。

表 1-4　学习分组表

班级		组号		指导教师	
组长		学号			
组员	任务分工	任务准备情况		任务学习进度	

3. 任务学习内容

1）预制柱

预制柱(图 1-2(a))一般分为实体预制柱和空心预制柱两种。实体预制柱一般在层高位置预留下钢筋接头，完成定位固定之后，在梁、板交汇的节点位置使钢筋连通，并依靠后浇混凝土整体固定成型。上下层预制柱的竖向钢筋通常采用灌浆套筒进行连接，在预制柱下部预埋钢筋灌浆套筒，通过注入灌浆料，完成上下柱之间的力学传递。

2）叠合梁

叠合梁(图 1-2(b))是指在预制钢筋混凝土梁上后浇混凝土形成的整体受弯梁。叠合梁一般分两步实现装配和完整度：第一步是在工厂内浇筑完成，通过模具将梁内底筋、箍筋与混凝土浇筑成型，并预留连接节点；第二步是在施工现场浇筑完成，绑扎上部钢筋与叠合板一起浇筑成整体。所以，叠合梁通常与叠合板配合使用，浇筑成整体楼盖。叠合梁采用预制梁作为永久性模板，在上部现浇混凝土与楼板形成整体，它是预制构件和现浇结构的结合，同时兼有两者的优点。

（a）预制柱　　　　　　　　　　　　　　　（b）叠合梁

图 1-2　预制构件

3）叠合板

叠合板是由预制板和现浇钢筋混凝土层叠合而成的装配整体式楼板。预制板既是楼板结构的组成部分之一，又是现浇钢筋混凝土叠合层的永久性模板。现浇叠合层内可敷设水平设备管线。叠合楼板整体性好，板的上下表面平整，便于饰面层装修，适用于对整体刚度要求较高的高层建筑和大开间建筑。

叠合板分为带桁架钢筋和不带桁架钢筋两种。当叠合板跨度较大时，为了保证预制板脱模吊装时的整体刚度与使用阶段的水平抗剪性能，可在预制板内设置桁架钢筋。预制桁架钢筋叠合板起源于 20 世纪 60 年代的德国，采用在预制混凝土叠合底板上预埋三角形钢筋桁架的方法，现场铺设叠合楼板后，再在底板上浇筑一定厚度的现浇混凝土，形成整体受力的叠合楼盖。预制桁架钢筋叠合底板可按照单向受力和双向受力进行设计，数十年的研究和实践表明，其技术性能与同厚度的现浇楼盖性能基本相当。欧洲和日本的叠合板均为单向板，规格化产品，板侧不出筋。即使符合双向板条件的叠合板也同样做成单向板，如此给自动化生产带来很大的便利。双向板虽然在配筋上较单向板节省，但如果板侧四面都要出筋，则现场浇筑混凝土后浇带的工程量很大。

4）预制外挂墙板

预制外挂墙板是指安装在主体结构上起围护、装饰作用的非承重预制混凝土外墙板。预制外挂墙板集围护、装饰、防水、保温于一体，采用工厂化生产、装配化施工，具有安装速度快、质量可控、耐久性好、便于保养和维修等特点，符合国家大力发展装配式建筑的方针政策。基于预制外挂墙板系统自身的复杂性，合理的外挂墙板支撑系统选型、墙板构件设计和墙板接缝及连接节点设计是预制外挂墙板合理应用的前提。预制外挂墙板与主体结构的连接采用柔性连接构造，主要有点支撑和线支撑两种安装方式。

预制外挂墙板的适用范围主要为民用建筑，包括居住建筑和公共建筑。在公共建筑中使用的预制外挂墙板，不仅具有耐久性好、造价低、质量可控等优点，还具有独特的建筑外立面装饰效果，是国内外广泛采用的外围护结构形式。

近年来,随着装配式建筑的快速发展,预制外挂墙板逐步应用于居住建筑中,有效解决了外墙的开裂、漏水等质量问题,减少外墙施工的现场湿作业,起到节能环保及减少劳动力需求等作用。考虑到居住建筑的使用功能要求相对特殊,在居住建筑中应用预制外挂墙板时,应特别注意细化并完善外挂墙板与主体结构之间的连接节点及接缝构造,以满足上下楼层间的隔声、防水、防火等要求。

5)其他预制构件

预制楼梯是指在工厂制作的两个平台之间若干连续踏步或若干连续踏步和平板组合的混凝土构件。预制楼梯按结构形式可分为预制板式楼梯和预制梁板式楼梯。预制楼梯在工厂预制,现场安装质量、效率大大提高,节约了工时和人力资源,且安装一次完成,无须再做饰面,清水混凝土面直接交房,外观好,结构施工阶段支撑少、易通行,生产工厂和安装现场无垃圾产生。

预制阳台板是指突出建筑物外立面的悬挑构件,按照构件形式分为叠合板式阳台、全预制板式阳台和全预制梁式阳台。预制阳台板通过预埋件焊接及钢筋锚入主体结构后浇层进行有效连接。

预制空调板是指建筑物外立面悬挑出来放置空调室外机的平台。预制空调板通过预留负弯矩筋伸入主体结构后浇层,最终与主体结构浇筑成整体。

1.2.4　任务评价

预制构件是装配式建筑结构的基本组成部分,通过对装配式建筑各个构件的深入了解,让学生了解构件是装配式建筑的基本元素,是实现标准化设计和装配化施工的基础,构件的质量影响着装配式建筑的整体功能。可对学生学习情况进行评价,评价项目如表1-5所示,通过学习学会评价,通过评价促进学习过程,本课程的学习评价主要采用个人学习任务完成情况描述、小组学习任务检查和教师评价相结合的方式,综合考虑学生的课堂表现、成果完成过程和学习成果情况等因素进行评分。

表 1-5　学习评价表

评价指标	个人任务完成情况描述	小组检查	教师评价	分值	得分
课前准备				10	
学习过程				10	
学习态度				20	
学习纪律				10	
成果完成				15	
课后拓展				10	
自评反馈				25	
	汇总得分				

任务小结

任务 1.3 认识起重设备与吊具

1.3.1 任务描述

　　装配式混凝土建筑的构件吊装具有构件重、数量多、接头复杂、安装精度要求高等特点，项目施工主要围绕预制构件的吊装展开。因此，吊装设备型号、数量、位置将直接影响整个项目的工期以及预制构件的拆分设计。起重技术在安装工程中极为重要，随着我国工程建设向标准化、工厂化、模块化、大型化、集成化方向发展，吊装的重量越来越重，高度越来越高，体积越来越大，难度也越来越大，往往是制约整个工程的进度、成本和安全的关键因素。预制构件的吊装施工是装配式混凝土建筑的关键施工技术，与传统现浇的施工方式相比，装配式混凝土建筑施工要求精度高，吊装作业量大，对现场管理及操作人员的要求也更严格。

1.3.2 任务分解

　　1. 吊装从业人员有哪些？他们各自的工作内容是什么？

_____

_____

_____

　　2. 预制构件的吊装设备有哪些？

_____

_____

_____

　　3. 钢丝绳使用注意事项有哪些？

_____

_____

_____

　　4. 吊装作业安全防范措施有哪些？

_____

_____

1.3.3　任务实施

1. 重难点

（1）装配式混凝土建筑吊装施工时的设备选型。

（2）各类预制构件的吊装安全技术措施。

2. 分组安排

具体任务分组安排如表 1-6 所示，分组形式可由教师根据情况灵活进行。

表 1-6　学习分组表

班级		组号		指导教师	
组长		学号			
组员	任务分工	任务准备情况		任务学习进度	

3. 任务学习内容

1）确认吊装从业人员和施工指挥人员

装配式建筑施工对工人的专业知识和技术要求更高，需要配套足够的专业的装配式产业工人，特别是吊装人员需持证上岗，具备特种作业资格；吊装从业人员和施工指挥人员工作内容如表 1-7 所示。

表 1-7　吊装从业人员和施工指挥人员工作内容

人　员	职　责	作　用
起重作业的指挥人员	参加编制吊装（施工）方案，熟知起重机械作业的工艺要求，掌握有关起重作业的安全技术和规程，能组织并指挥起重作业班组进行合乎安全、质量要求的作业	起重作业的组织者和指挥者
司机	在指挥人员的组织与指挥下工作，负有起重机械作业全过程的机械安全工作责任	具体驾驶、操纵起重机
司索人员	在指挥人员的组织与指挥下工作，应掌握绳索、吊具的使用方法及要求，掌握起重作业的有关安全要求和一般的技术知识	负责绑扎吊件，挂钩及起升，就位中的溜绳牵引

2）指示信号的确认

起重吊装的信号（图1-3）有很多，主要有通用手势信号、专用手势信号、旗语信号、音响信号等。具体内容参见起重吊运指挥信号标准。

（a）手语：预备　　　　　　　　　　　（b）旗语：紧急停止

图 1-3　指示信号

3）预制构件的吊装设备

装配式混凝土结构施工前应根据工程特点、施工进度计划、构件种类和重量，选择适宜的起重机械设备，其所有起重机械设备均应具有特种设备制造许可证及产品合格证。常用工具和设备见表1-8。

表 1-8　常用工具和设备

机具名称	说　明	图　片
吊车	常用的吊车有履带式吊车、汽车式吊车和轮胎式吊车，主要作用是吊装预制构件。一般要根据地形限制、起重量、起升高度等参数选择合适的吊车。吊车主要参数是表示吊车主要技术性能指标的参数，是吊车设计的依据，也是吊车安全技术要求的重要依据	
吊钩	吊钩按制造方法可分为锻造吊钩和片式吊钩。在建筑工程施工中，通常采用锻造吊钩，采用优质低碳镇静钢或低碳合金钢锻造而成，锻造吊钩又可分为单钩和双钩，单钩一般用于小起重量，双钩多用于较大的起重量。单钩吊钩形式多样，建筑工程中常选用有保险装置的旋转钩	
钢丝绳	钢丝绳是由多层钢丝捻成股，再以绳芯为中心，由一定数量股捻绕成螺旋状的绳。钢丝绳是吊装中的主要绳索，具有强度高、弹性大、韧性好、耐磨、能承受冲击荷载、工作可靠等特点	
钢丝吊索	钢丝吊索又称千斤。吊索是由钢丝绳制成的，因此钢丝绳的允许拉力即为吊索的允许拉力，在使用时，其拉力不应超过其允许拉力。吊索有环状吊索和开式吊索两种	

续表

机具名称	说　明	图　片
卡环	卡环用于吊索之间或吊索与构件吊环之间的连接,由弯环与销子两部分组成。其按弯环形式分,有 D 形卡环和弓形卡环;按销子与弯环的连接形式分,有螺栓式卡环和活络式卡环。螺栓式卡环的销子和弯环采用螺纹连接;活络式卡环的孔眼无螺纹,可直接抽出。螺栓式卡环使用较多,但在柱子吊装中多采用活络式卡环	
横吊梁	横吊梁俗称铁扁担、扁担梁,常用于梁、柱、墙板、叠合板等构件的吊装。用横吊梁吊运构件时,可以防止因起吊受力对构件造成的破坏,便于构件更好地安装、校正。常用的横吊梁有框架吊梁、单根吊梁	
倒链	倒链又称手拉葫芦、神仙葫芦,用来起吊轻型构件,拉紧缆风绳及拉紧捆绑构件的绳索等。目前,受国内部分起重设备行程精度的限制,可采用倒链进行构件的精确就位	
新型索具	近些年出现了几种新型的专门用于连接新型吊点的连接吊钩,一般用于快速接驳传统吊钩,具有接驳快速、使用安全等特点	
吊装带	目前使用的常规吊装带是合成纤维吊装带,一般采用高强度聚酯长丝制作。其根据外观分为环形穿芯、环形扁平、双眼穿芯、双眼扁平四类,吊装能力分别在 1～300t 之间,一般采用国际色标来区分吊装带的吨位	

4) 吊装作业安全防范

施工现场必须选派具有丰富吊装经验的信号指挥人员、挂钩人员,作业人员施工前必须检查身体,患有不宜高空作业疾病的人员不得安排高空作业。特种作业人员必须经过专门的安全培训,经考核合格,持特种作业操作资格证书上岗。特种作业人员应按规定进行体检和复审。

起重吊装作业前,应根据施工组织设计要求划定危险作业区域,主要施工部位作业点、危险区必须设置醒目的警示标志,设专人加强安全警戒,防止无关人员进入。还应视现场作业环境专门设置监护人员,防止高处作业或交叉作业时造成的落物伤人事故。

起重机械按施工方案要求选型,运到现场重新组装后,应进行试运转试验和验收,确认符合要求并记录、签字。起重机经检验后可以持续使用并要持有市级有关部门定期核发的准用证。须经检查确认的安全装置包括超高限位器、力矩限制器、臂杆幅度指示器及吊钩保险装置,且均应符合要求。当起重机说明书中尚有其他安全装置时,应按说明书规定进行检查。汽车式起重机进行吊装作业时,行走用的驾驶室内不得有人,吊物不得超越驾驶室上方,并严禁带载行驶。

钢丝绳断丝数在一个节距中超过 10%,钢丝绳锈蚀或表面磨损达 40%,以及有死弯、结构变形、绳芯挤出等情况时,应报废并停止使用。缆风绳应使用钢丝绳,规格应符合施工方案要求,缆风绳应与地锚牢固连接。

根据预制构件外形、重心及工艺要求选择吊点,并在方案中进行规定。吊点是在构件起吊、翻转、移位等作业中都必须使用的,吊点选择应与构件的重心在同一垂直线上,且吊点应在构件重心之上,使构件垂直起吊,严禁斜吊。当采用几个吊点起吊时,应使各吊点的合力在构件重心位置之上。必须正确计算每根吊索长度,使预制构件在吊装过程中始终保持稳定。

在根据项目特征选定吊装设备和吊具之后,吊装施工之前还需注意以下安全事项。

(1) 施工单位应对从事预制构件吊装作业及相关人员进行安全培训与交底,识别预制构件进场、卸车、存放、吊装、就位各环节的作业风险并制定防控措施。

(2) 安装作业开始前,应对安装作业区进行围护并做出明显的标识,拉警戒线,根据危险源级别安排旁站,严禁与安装作业无关的人员进入。

(3) 施工作业使用的专用吊具、吊索、定型工具式支撑支架等,应进行安全验算,使用中定期、不定期检查,确保其安全状态良好。

(4) 预制构件起吊后,应先将预制构件提升 300mm 左右,停稳构件,检查钢丝绳、吊具和预制构件状态,确认吊具安全且构件平稳后,方可缓慢提升构件。

(5) 吊机吊装区域内,非作业人员严禁进入;吊运预制构件时,构件下方严禁站人,应待预制构件降落至距地面 1m 以内方准作业人员靠近,就位固定后方可脱钩。

(6) 高空吊装应通过揽风绳改变预制构件方向,严禁直接用手扶预制构件。

(7) 遇到雨、雪、雾天气,或者风力大于 5 级时,不得进行吊装作业。

1.3.4 任务评价

起重机械与设备对装配式建筑施工起很大的作用,通过学习起重设备相关知识和技能,深入了解装配化施工方式和施工的机械化能力,熟悉构件吊装条件,加强安全施工意识。可对学生学习情况进行评价,评价项目如表 1-9 所示,本课程的学习评价主要采用个人学习任务完成情况描述、小组学习任务检查和教师评价相结合的方式,综合考虑学生的课堂表现、成果完成过程和学习成果情况等因素进行评分。

表 1-9 学习评价表

评价指标	个人任务完成情况描述	小组检查	教师评价	分值	得分
课前准备				10	
学习过程				10	
学习态度				20	
学习纪律				10	
成果完成				15	
课后拓展				10	

评价指标	个人任务完成情况描述	小组检查	教师评价	分值	得分
自评反馈				25	
	汇总得分				

任务小结

任务 1.4 认识预制构件支撑

1.4.1 任务描述

在建筑施工过程中,支撑系统用于预制构件的临时固定和校正,保证墙体稳定,便于后续施工环节的顺利进行。由于各种各样的原因,大多数支撑系统存在操作复杂、支撑强度差、调节准确度低等缺点,不能满足高精准建筑构件的施工要求并拖延装配式建筑的施工进度。装配式建筑施工的逐步推广和安全设计需求的不断提高,对预制构件安装施工机具的要求越来越高,对于工具式支撑系统的要求也越来越高,在预制构件深化设计时,要进行预制构件的预留预埋,不同的模板、支撑对预留预埋的要求都不一样,因此在预制构件统计时不仅要确认模板和支撑体系,还要在预留预埋设计完成后做好沟通工作,确定施工方案。

1.4.2 任务分解

1. 常见的装配式建筑施工支撑材料有哪些?

_____

_____

_____

2. 支撑材料使用要求有哪些?

_____

_____

_____

3. 独立钢支柱支撑如何使用?

_____

_____

_____

_____

4. 铝合金模板体系使用注意事项有哪些?

_____

_____

_____

1.4.3　任务实施

1. 重难点

(1) 装配式建筑施工支撑材料。

(2) 独立钢支柱支撑。

2. 分组安排

具体任务分组安排如表1-10所示,教师可根据现场情况进行分组安排。

表 1-10　学习分组表

班级		组号		指导教师	
组长		学号			
组员	任务分工	任务准备情况		任务学习进度	

3. 任务学习内容

1) 靠架、垫块

预制构件存放时,根据不同的预制构件类型采用插放架、靠放架、垫方或垫块来固定和支垫。插放架、靠放架以及一些预制构件存放时使用的托架应由金属材料制成,插放架、靠放架、托架应进行专门设计,其强度、刚度、稳定性应能满足预制构件存放的要求。插放架、靠放架的高度应为所存放预制构件高度的 2/3 以上。插放架的挡杆应坚固、位置可调且有可靠的限位装置;靠放架底部横档上面和上横杆外侧面应加 5mm 厚的橡胶皮。

垫木一般用于楼板等平层叠放的板式预制构件及楼梯的支垫,垫木一般采用100mm×100mm 的木方,长度根据具体情况选用,板类预制构件宜选用长度为 300~500mm 的木方,楼梯宜选用长度为 400~600mm 的木方。如果用木板支垫叠合楼板等预制构件,木板的厚度不宜小于 20mm。木方的含水率不大于 20%,有霉变、虫蛀、腐朽、劈裂等质量问题的木方不得使用。

2) 钢管及配件

钢管选用 ϕ18.3mm × 3.6mm 焊接钢管,并符合《直缝电焊钢管》(GB/T 13793—2008)或《低压流体输送用焊接钢管》(GB/T 3091—2015)中规定的 Q235A 级钢要求,其材料性能应符合《碳素结构钢》(GB/T 700—2006)的相应规定,用于立杆、横杆、剪刀撑和斜杆的长度为 4.0~6.0m。钢管弯曲、压扁、有裂纹或严重锈蚀时应报废。

扣件采用可锻铸铁或铸钢制造,并应满足《钢管脚手架扣件》(GB 15831—2006)的规定。铸件不得有裂纹、气孔。扣件规格必须与钢管外径相同,保证与钢管扣紧时接触良好,当扣件夹紧钢管时,开口外的最小距离不小于5mm。

3)U形托撑

U形托撑螺杆与支托板焊接应牢固,焊缝高度不得小于6mm,螺杆与螺母旋合长度不得少于5扣,螺母厚度不得小于30mm。力学指标必须符合相关规范要求,U形可调托撑受压承载力设计值不小于40kN,支托板厚度不小于5mm。螺杆外径不得小于36mm,直径与螺距应符合现行国家标准《梯形螺纹第2部分:直径与螺距系列》(GB/T 5796.2—2005)的规定。

4)独立钢支撑、斜撑

独立钢支柱支撑系统由独立钢支柱支撑、水平杆或三脚架组成。支撑头可采用板式顶托或U形支撑。连接杆宜采用普通钢管,钢管应有足够的刚度。三脚架宜采用可折叠的普通钢管制作,应具有足够的稳定性。

独立钢支柱支撑由插管、套管和支撑头组成,分为外螺纹钢支柱支撑和内螺纹钢支柱支撑。套管由底座、套管、调节螺管和调节螺母组成。插管由开有销孔的钢管和销螺组成。插管、套管应符合现行国家标准《直缝电焊钢管》(GB/T 13973—2008)、《低压流体输送用焊接钢管》(GB/T 3091—2008)中的Q235B或Q345级普通钢管的要求,其材料性能应符合现行国家标准《碳素结构钢》(GB/T 700—2006)或《低合金高强度结构钢》(GB/T 1591—2018)的规定。

插管规格宜为$\phi18.3\text{mm}\times2.6\text{mm}$,套管规格宜为$\phi95.7\text{mm}\times2.4\text{mm}$,钢管壁厚($t$)允许偏差为$\pm10\%$。插管下端的销孔宜采用直径13mm、间距125mm的销孔,销孔应对称设置,插管外径与套管内径的间隙应小于2mm,插管与套管的重叠长度不小于280mm。底座尺寸宜为150mm,材厚度不得小于6mm。支撑头宜采用钢板制造,钢板性能应符合现行国家标准《碳素结构钢》(GB/T 700—2006)的规定,受压承载力设计值不应小于40kN。插管、套管应光滑、无裂纹、无锈蚀、无分层、无结疤、无毛刺等,不得采用横断面接长的钢管,插管、套管用的钢管应平直,直线度允许偏差不应大于管长的1/500,两端应平整,不得有斜口、毛刺;各焊缝应饱满,焊渣应清除干净,不得有未焊透、夹渣、咬边、裂纹等缺陷。构配件防锈漆涂层应均匀,附着应牢固,油漆不得漏、皱、脱、淌,表面镀锌的构配镀锌层应均匀一致,主要构配件上应有不易磨损的标识,应标明生产厂家代号或商标、生产年份、产品规定型号。

5)装配式混凝土建筑模板体系

装配式混凝土建筑模板工程的主要内容是合理选择模板类型,科学制订模板支撑方案。装配式混凝土建筑的预制构件在工厂生产,模板体系不同于全现浇结构。在预制构件安装时,需要进行现浇结构节点的模板安装,常用的模板体系有铝合金模板、木模板、塑料模板等体系。

铝合金模板由铝合金材料制作而成,包括平面模板和转角模板等,现场设计变更不宜过大,在对铝合金模板进行前期深化设计时,建筑及结构图纸须十分准确,对项目的技术工作要求较高,铝合金模板加工出厂后难以修改,需要及时做好有效的沟通及图纸的变更和会审工作。

　　木模板及其支架系统一般在加工厂或现场木工棚加工成组件,然后在现场拼装而成,由于木模板具有组装灵活、加工便利的优点,其应用比较广泛。木模板体系需要就地加工,散拆散支,材料损耗很大,不利于环保,要求作业人员具有较高的技术水平,且装拆费时又费力,而且在室外作业,劳动强度非常高。所用模板为12mm或15mm厚竹木胶合板,材料各项性能指标必须符合要求。

　　塑料模板是在消化吸收欧洲先进的设备制造技术和加工经验的基础上,坚持以先进的产品和工艺技术,通过200℃高温挤压而成的复合材料。塑料模板是一种节能型和绿色环保产品,是继木模板、组合钢模板、全钢大模板之后又一新型换代产品。

　　模板通过对拉螺杆固定在预制构件上的方式主要分为预埋套筒和预埋对穿孔,预埋套筒主要用于外墙板,套筒规格及位置根据构件、模板体系及实际情况设计;预埋对穿孔主要用于内墙,对穿孔的大小及位置根据模板体系及实际情况设计。

1.4.4　任务评价

　　构件安装完成前需要有支撑体系进行保护,学生需了解装配式建筑构件支撑体系,清楚工具式构件支撑体系的组成,通过对工具式支撑的技能操作,促使学生养成认真负责的学习品质。可通过评价表1-11对学生学习情况进行评价,本课程的学习评价主要采用个人学习任务完成情况描述、小组学习任务检查和教师评价相结合的方式,综合考虑学生的课堂表现、成果完成过程和学习成果情况等因素进行评分。

表 1-11　学习评价表

评价指标	个人任务完成情况描述	小组检查	教师评价	分值	得分
课前准备				10	
学习过程				10	
学习态度				20	
学习纪律				10	
成果完成				15	
课后拓展				10	
自评反馈				25	
	汇总得分				

任务小结

任务 1.5 认识预制构件连接

1.5.1 任务描述

　　目前,我国主要采用等同现浇的设计概念,高层建筑基本采用装配整体式混凝土结构,即预制构件之间通过可靠的连接方式,与现场后浇混凝土、水泥基灌浆料等形成整体的装配式混凝土结构。在《装配式混凝土结构技术规程》(JGJ 1—2014) 中,对于预制构件受力钢筋的连接方式,推荐采用钢筋套筒灌浆连接技术和浆锚搭接连接技术。前者在美国和日本等地震高发国家已经得到普遍应用,后者也已经具备了应用的技术基础。

1.5.2 任务分解

　　1. 钢筋套筒连接机理是什么?

　　2. 钢筋套筒由哪些部分组成?

　　3. 钢筋套筒灌浆连接的应用范围有哪些?

　　4. 浆锚连接的应用注意事项有哪些?

1.5.3 任务实施

1. 重难点

（1）钢筋套筒灌浆连接。

（2）浆锚连接。

2. 分组安排

具体任务分组安排如表 1-12 所示，教师可根据现场情况进行分组安排。

表 1-12 学习分组表

班级		组号		指导教师	
组长		学号			
组员	任务分工	任务准备情况		任务学习进度	

3. 任务学习内容

1）钢筋套筒灌浆连接

钢筋套筒灌浆连接是一种在预制混凝土构件内预埋成品套筒，从套筒两端插入钢筋并注入灌浆料而实现的钢筋连接方式。钢筋套筒灌浆连接分为全灌浆套筒连接和半灌浆套筒连接。其中全灌浆套筒连接（图 1-4）是指套筒的两端均插入钢筋并灌浆形成整体连接，主要用于水平钢筋的连接；半灌浆套筒连接是指套筒一端与连接钢筋为螺纹紧固连接，另一端为插筋灌浆连接，主要用于纵向钢筋的连接，比如墙板、预制柱纵向钢筋的连接。

图 1-4 全灌浆套筒的连接施工

钢筋套筒灌浆连接接头(图 1-5)由带肋钢筋、灌浆套筒和灌浆料三个部分组成。这种连接方式是基于灌浆套筒内灌浆料有较高的抗压强度,同时自身还具有微膨胀特性,当它受到灌浆套筒的约束时,在灌浆料与灌浆套筒内侧筒壁间产生较大的正向应力,钢筋借此正向应力在其带肋的粗糙表面产生摩擦力,借以传递钢筋轴向力。因此,钢筋套筒灌浆连接结构要求灌浆料有较高的抗压强度,钢筋套筒应具有较大的刚度和较好的抗变形能力。钢筋套筒灌浆连接接头的另一个关键技术在于灌浆料的质量。灌浆料应具有高强、早强、无收缩和微膨胀等基本特性,以使其能与套筒、被连接钢筋更有效地结合在一起共同工作,同时满足装配式结构快速化施工的要求。

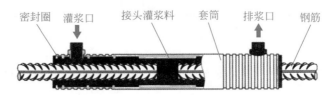

图 1-5 钢筋套筒灌浆连接接头组成

其中灌浆套筒适用于直径 12～40mm 的热轧带肋或余热处理钢筋,钢筋的质量要求在行业标准《钢筋连接用灌浆套筒》(JG/T 398—2019)中进行了规定,从钢筋的屈服强度、抗拉强度、延伸率、断后伸长率等几个钢筋的机械性能技术参数做了要求。

灌浆套筒的构造包括筒壁、剪力槽、灌浆口、排浆口、钢筋定位销。灌浆套筒材质有碳素结构钢、合金结构钢和球墨铸铁,根据加工方式分为铸造灌浆套筒和机械加工灌浆套筒,机械加工灌浆套筒的材质主要为碳素结构钢和合金结构钢,而铸造灌浆套筒的材质主要为球墨铸铁。

灌浆套筒型号由名称代号、分类代号、主参数代号和产品更新变型代号组成。灌浆套筒主参数为被连接钢筋的强度级别和直径,确定了钢筋套筒的型号,同样也就确定了套筒两端连接的型号,套筒型号的规定可以参考规范《钢筋连接用灌浆套筒》(JG/T 398—2019)。

钢筋连接用套筒灌浆料是钢筋套筒灌浆连接接头的重要组成,它是以水泥为基本材料,配以细骨料,以及混凝土外加剂和其他材料组成的干混料,加水搅拌后具有良好的流动性、早强、高强、微膨胀等性能,填充于套筒和带肋钢筋间隙内,简称"套筒灌浆料"。

灌浆料的使用需要严格掌握并准确执行产品使用说明书规定的操作要求。灌浆料使用时应检查产品包装上印制的有效期和产品外观,无过期情况和异常现象后方可开袋使用。灌浆施工前,应首先进行流动度的检测,浆料拌合时严格控制加水量,必须执行产品生产厂家规定的加水率,灌浆料与水的拌合应充分、均匀。

2)钢筋浆锚搭接连接

钢筋浆锚搭接连接是指在预制混凝土构件中预留孔道,在孔道中插入需要搭接的钢筋并灌注水泥基灌浆料而实现的钢筋搭接连接方式。该技术适用于直径较小钢筋的连接,具有施工方便、造价较低的特点。

钢筋连接采用浆锚搭接连接技术,构件安装时需将搭接的钢筋插入孔洞内一定深度,然后通过灌浆孔和出浆孔向孔洞内灌入具有高强、早强、无收缩和微膨胀等特性的灌浆料,灌浆料经凝结硬化后,就完成了两根钢筋的搭接,从而实现力的传递,即钢筋中的应力通过灌浆料传递给预制混凝土构件。当采用这种连接方式时,对预留孔成孔工艺、孔道形状和长度、构造要求、灌浆料和被连接的钢筋应进行力学性能及适用性的试验验证。

根据现行国家标准《混凝土结构设计规范》(GB 50010—2010)(2015 年版)对钢筋连接和锚固的要求,为保证结构延性,在结构抗震性能比较重要且钢筋直径较大的剪力墙边缘构件中不宜采用浆锚搭接连接。直径大于 20mm 的钢筋不宜采用浆锚搭接连接,直接承受动力荷载构件的纵向钢筋不应采用浆锚搭接连接。

3)其他连接方式

型钢连接是指在预制构件中预埋型钢,然后通过不同预制构件内型钢焊接或螺栓连接实现预制构件的连接。型钢连接多用于装配式框架结构。

在叠合构件的后浇混凝土连接施工中,钢筋的弯折锚固连接是一种钢筋直锚长度不足情况下的常规做法,在混凝土结构中普遍应用。装配式混凝土结构中的双向叠合楼板之间的连接、叠合梁与端柱之间的连接和预制剪力墙与叠合梁平面外连接等都有应用。

螺栓连接是通过螺栓紧固的方式实现与预制构件之间的连接。螺栓连接可以在构件边缘设置螺栓孔和安装手孔,螺栓孔中穿过螺栓实现紧固连接。国外采用螺栓盒或定制的螺栓连接器实现连接。螺栓连接应用范围广,适用于装配式混凝土框架结构和装配式混凝土剪力墙结构,同时还适用于外挂墙板与主体结构的连接和预制楼板与预制楼板的连接等。

1.5.4　任务评价

预制构件之间通过可靠的连接方式形成一个整体,其连接是通过可靠的施工技术,结合规范的施工流程,从而保证构件的连接质量,通过本次任务的学习,学生能够了解构件连接的原理,掌握构件的连接方式,夯实施工基础知识。可通过评价表 1-13 对学生学习情况进行评价,本课程的学习评价主要采用个人学习任务完成情况描述、小组学习任务检查和教师评价相结合的方式,综合考虑学生的课堂表现、成果完成过程和学习成果情况等因素进行评分。

表 1-13　学习评价表

评价指标	个人任务完成情况描述	小组检查	教师评价	分值	得分
课前准备				10	
学习过程				10	
学习态度				20	
学习纪律				10	
成果完成				15	
课后拓展				10	
自评反馈				25	
	汇总得分				

任务小结

项目小结

本项目内容包括装配式建筑结构、预制构件、起重设备与吊具、预制构件支撑和预制构件的连接等装配式建筑结构施工基础知识与技能,通过学习任务的深入开展,使学生了解装配式建筑结构技术体系和装配式建筑的评价,了解装配式混凝土建筑的发展史及在我国的发展现状,熟悉预制剪力墙、叠合板、叠合梁、预制柱、预制外挂墙板等预制构件的形状及特点,掌握装配式建筑施工基础知识和基本技能。

知识链接

微课:钢筋
灌浆套筒

微课:构件支撑

微课:预制构件

项目 2 装配式混凝土构件施工准备

知识目标

1. 掌握预制构件制作的工艺流程。
2. 掌握预制构件运输的准备、所用车辆、运输架的要求及运输方式。
3. 掌握预制构件的存放要求、存放场地的要求及存放时的防护要求。
4. 掌握预制构件进场验收的步骤及检验内容。
5. 掌握预制构件的质量问题产生的原因及处理措施。

项目背景材料

    构件生产厂技术员王某接到某工程预制混凝土剪力墙外墙的生产任务,其中标准层一块带一个窗洞的矮窗台外墙板选用了标准图集 15G365-1《预制混凝土剪力墙外墙板》中编号为 WQCA-3028-1516 的内叶板。该内叶板所属工程的结构及环境特点如下。

    该工程为政府保障性住房,工程采用装配整体式混凝土剪力墙结构体系,预制构件包括:预制夹心外墙、预制内墙、预制叠合楼板、预制楼梯、预制阳台板以及预制空调板。该工程地上 11 层,地下 1 层,标准层层高 2800mm,抗震设防烈度 7 度,结构抗震等级三级。内叶墙板按环境类别一类设计,厚度为 200mm,建筑面层为 50mm,采用混凝土强度等级为 C30,坍落度要求 35～50mm。

任务 2.1 预制构件制作

2.1.1 任务描述

    预制构件的生产工艺一般有固定台座法和自动化生产线两大类。预制构件自动化生产线是指按生产工艺流程分为若干工位的环形流水线,工艺设备和工人都固定在有关工位上,而制品和模具则按流水线节奏移动,使预制构件依靠专业自动化设备实现有序生产。在大批量生产中,采用自动化生产线能提高劳动生产率,稳定和提高产品质量,改善劳动条件,缩减生产占地面积、降低生产成本、缩短生产周期,保持生产均衡性,有显著的经济效益。

2.1.2　任务分解

1. 模台画线、模具组装与校准的步骤和要求有哪些？

_____

_____

_____

_____

2. 预埋件固定及预留孔洞临时封堵的基本要求有哪些？

_____

_____

_____

_____

3. 布料机布料操作的基本内容是什么？

_____

_____

_____

_____

4. 养护窑预制构件出入库操作的基本要求有哪些？

_____

_____

_____

_____

2.1.3　任务实施

1. 重难点

（1）水平钢筋、竖向钢筋和附加钢筋摆放、绑扎及固定。

（2）埋件摆放与固定、预留孔洞临时封堵。

（3）构件养护温度、湿度控制及养护监控。

2. 分组安排

具体任务分组安排如表 2-1 所示，教师可根据现场情况进行分组安排。

表 2-1　学习分组表

班级		组号		指导教师	
组长		学号			
组员	任务分工	任务准备情况		任务学习进度	

3. 任务学习内容

1）模具准备与安装

（1）模具组装前的检查

根据生产计划合理加工和选取模具，所有模具必须清理干净，不得存有铁锈、油污及混凝土残渣。对模具变形量超过规定要求的模具一律不得使用，使用中的模具应当定期检查，并做好检查记录。模具允许偏差及检验方法见表 2-2。

表 2-2　预制构件模具尺寸允许偏差和检验方法

检验项目、内容		允许偏差/mm	检 验 方 法
长度	<6m	1，−2	用尺量平行构件高度方向，取其中偏差绝对值较大处
	>6m 且≤12m	2，−4	
	>12m	3，−5	
宽度、高（厚）度	墙板	1，−2	用尺测量两端或中部，取其中偏差绝对值较大处
	其他构件	2，−4	
底模表面平整度		2	用 2m 靠尺和塞尺量
对角线差		3	用尺量对角线
侧向弯曲		$L/1500$ 且≤3	拉线，用钢尺量测侧向弯曲最大处
翘曲		$L/1500$ 且不大于 3	对角拉线测量交点间距离值的两倍
组装缝隙		1	用塞片或塞尺测量，取最大值
端模与侧模高低差		1	用钢尺量

注：L 为模具与混凝土接触面中最长边的尺寸。

（2）模具初装

① 按布模图纸上的模具清单选取对应挡边放在台车上。

② 将四个挡边依据有序组合，根据台车面已画定位线快速将模具放入指定位置。

③ 安装压铁固定墙板挡边模具，压铁布置间距为 1～1.5m，压铁应能顶住和压住模具挡边，初步拧紧，完成初步固定。

（3）模具校核

组装模具前，应在模具拼接处粘贴双面胶，或者在组装后打密封胶，防止在混凝土浇筑振捣过程中漏浆。侧模与底模、顶模与侧模组装后必须在同一平面内，不得出现错台。

组装后校对模具内的几何尺寸，并拉对角线校核，然后使用压铁进行紧固。使用磁性压铁固定模具时，一定要将磁性压铁底部杂物清理干净，且必须将螺栓有效地压到模具上。

2）钢筋与预埋件安装

（1）预埋件固定

预制构件常用的预埋件主要包括灌浆套筒、外墙保温拉结件、吊环、预埋管线及线盒等。

预埋件固定应满足以下要求：预埋件必须经专检人员验收合格后，方可使用；固定前，认真核对预埋件质量、规格、数量；应设计定位销、模板架等工艺装置，保证预埋件按预制构件设计制作图准确定位，并保证浇筑混凝土时不位移；线盒、线管、吊点、预埋铁件等预埋件中心线位置、埋设高度等不能超过规范允许偏差值。

（2）钢筋绑扎

① 钢筋定位。位于混凝土内的连接钢筋应埋设准确，锚固方式应符合设计要求。构件交接处的钢筋位置应符合设计要求。当设计无具体要求时，剪力墙中水平分布钢筋宜放在外侧，并宜在墙端弯折锚固。位于混凝土内的钢筋套筒灌浆连接接头的预留钢筋应采用专用定位模具对其中心位置进行控制（图 2-1），应采用可靠的绑扎固定措施对连接钢筋的外露长度进行控制。

图 2-1　钢筋定位

② 钢筋安装。构件连接节点区域的钢筋安装应制定合理的工艺顺序，保证水平连接钢筋、箍筋、竖向钢筋位置准确；剪力墙构件连接节点区域宜先校正水平连接钢筋，后将箍筋套入，待墙体竖向钢筋连接完成后绑扎箍筋；剪力墙构件连接节点加密区宜采用封闭箍筋。对于带保温层的构件，箍筋不得采用焊接连接。

③ 设置保护垫块。控制混凝土保护层用的塑料卡的形状有两种：塑料垫块和塑料环圈（图 2-2）。塑料垫块用于水平构件（如梁、板），在两个方向均有凹槽，以便适应两种保护层厚度。塑料环圈用于垂直构件（如柱、墙），使用时钢筋从卡嘴进入卡腔。保护层垫块宜与钢筋骨架或网片绑扎牢固，按梅花状布置，间距满足钢筋限位及控制变形要求，钢筋绑扎

(a) 塑料垫块   (b) 塑料环圈

图 2-2   控制混凝土保护层用的塑料卡

丝扣应弯向构件内侧。

3）混凝土浇筑

（1）混凝土浇筑的要求

① 混凝土应均匀连续浇筑，投料高度不宜大于 500mm。

② 混凝土浇筑时应保证模具、门窗框、预埋件、连接件不发生变形或者移位，如有偏差应采取措施及时纠正。

③ 混凝土从出机到浇筑完毕的延续时间，气温高于 25℃时不宜超过 60min，气温低于 25℃时不宜超过 90min。

④ 混凝土应采用机械振捣密实，对边角及灌浆套筒处充分有效振捣；振捣时应该随时观察固定磁盒是否松动位移，并及时采取应急措施；浇筑厚度使用专门的工具测量，严格控制，外叶振捣后应当对边角进行一次抹平，保证构件外叶与保温板间无缝隙。

⑤ 定期定时对混凝土进行各项工作性能试验（如坍落度、和易性等），按单位工程项目留置试块。

浇筑和振捣混凝土时应按操作规程进行，防止漏振和过振，生产时应按照规定制作试块并与构件同条件养护。图 2-3 为混凝土边浇筑、边振捣示意图，其中振捣器宜采用振动平台或振捣棒，平板振动器辅助使用，混凝土振捣完成后应用机械抹平压光，如图 2-4 所示。

图 2-3   振捣混凝土示意图   图 2-4   机械抹平压光

（2）混凝土收光面处理要求

混凝土振捣完成后应用机械抹平收光，抹平收光时需要注意：初次抹面后须静置 1h 后进行表面收光，收光应用力均匀，收光时应将模具表面清理干净，将构件表面的气泡、浮浆、砂眼等清理干净,构件外表面应光滑、无明显凹坑破损,内侧与结构相接触面须做到均匀拉毛处理,拉深 4～5mm,然后再静置 1h。

（3）布料机布料操作的基本内容

控制混凝土空中运输车移进搅拌站,根据任务构件所需混凝土量,设置混凝土需求量,根据构件强度要求,设置混凝土配合比,根据混凝土配合比及浇筑工序所需混凝土量进行混凝土搅拌制作。混凝土搅拌完毕后由下料口下料到空中运输车内,并控制运输车运送混凝土到浇筑区域。

4）构件养护与脱模

（1）预制混凝土构件养护

蒸汽养护是预制构件生产最常用的养护方式。在养护窑或养护坑内,以温度不超过100℃、相对湿度在 90％ 以上的湿蒸汽为介质,使养护窑或养护坑中的混凝土构件在蒸汽的湿热作用下迅速凝结硬化,达到要求强度的过程就是蒸汽养护。

根据《装配式混凝土建筑技术标准》（GB/T 51231—2016）中的有关规定,蒸汽养护应采用能自动控制温度的设备,蒸汽养护过程（养护制度）可分为预养期、升温期、恒温期和降温期（图 2-5）。

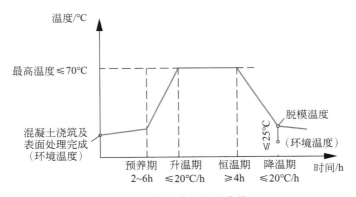

图 2-5　蒸汽养护流程曲线

蒸汽养护要严格按照蒸汽养护操作规程进行,严格控制预养时间 2～6h;开启蒸汽,使养护窑或养护罩内的温度缓慢上升,升温阶段应控制升温速度不超过 20℃/h;恒温阶段的最高温度不应超过 70℃,夹心保温板最高养护温度不宜超过 60℃,梁、柱等较厚的预制构件最高养护温度宜控制在 40℃ 以内,楼板、墙板等较薄的构件养护最高温度宜控制在60℃,恒温持续时间不少于 4h。逐渐关小直至关闭蒸汽阀门,使养护窑或养护罩内的温度缓慢下降,降温阶段应控制降温速度不超过 20℃/h。预制构件出养护窑或撤掉养护罩时,其表面温度与环境温度差值不应超过 25℃。

（2）构件脱模操作

常规的预制构件脱模流程如下。

① 拆模前,应做混凝土试块同条件抗压强度试验,试块抗压强度应满足设计要求且不宜小于 15MPa,预制构件方可脱模。

② 试验室根据试块检测结果出具脱模起吊通知单。

③ 生产部门收到脱模起吊通知单后安排脱模。

④ 拆除模具上部固定预埋件的工装。

⑤ 拆除安装在模具上的预埋件的固定螺栓。

⑥ 拆除边模、底模、内模等的固定螺栓。

⑦ 拆除内模。

⑧ 拆除边模,见图 2-6。

图 2-6　拆除边摸

⑨ 拆除其他部分的模具。

⑩ 将专用吊具安装到预制构件脱模埋件上,拧紧螺栓。

⑪ 用泡沫棒封堵预制构件表面所有预埋件孔,吹净预制构件表面的混凝土碎渣。

⑫ 将吊钩挂到安装好的吊具上,锁上保险。

⑬ 再次确认预制构件与所有模具间的连接已经拆除。

⑭ 确认起重机吊钩垂直于预制构件中心后,以最低起升速度平稳起吊预制构件,直至构件脱离模台,见图 2-7。

图 2-7　预制构件起吊

2.1.4　任务评价

构件的制作作为装配式建筑的主要部分,也是施工过程中不忽略的部分。通过学习,让学生能够深入了解构件的生产方式,识读构件制作图纸并进行模具安装与检验,掌握常用生产工具操作的基本内容和构件出入库操作。可通过评价表 2-3 对学生学习情况进行评价,本课程的学习评价主要采用个人学习任务完成情况描述、小组学习任务检查和教师评价相结合的方式,综合考虑学生的课堂表现、成果完成过程和学习成果情况等因素进行评分。

表 2-3　学习评价表

评价指标	个人任务完成情况描述	小组检查	教师评价	分值	得分
课前准备				10	
学习过程				10	
学习态度				20	
学习纪律				10	
成果完成				15	
课后拓展				10	
自评反馈				25	
汇总得分					

任务小结

任务 2.2　预制构件运输

2.2.1　任务描述

　　构件运输方案需要根据运输构件实际情况，装卸车现场及运输道路的情况，施工单位或当地的起重机械和运输车辆的供应条件以及经济效益等因素综合考虑，最终选定运输方法、起重机械（装卸构件用）、运输车辆和运输路线。运输线路应按照客户指定的地点及货物的规格和重量制定，确保运输条件与实际情况相符。

2.2.2　任务分解

　　1. 运输过程中采取的安全控制措施有哪些？

_____

_____

_____

_____

　　2. 立式运输方式的优缺点有哪些？

_____

_____

_____

_____

　　3. 水平运输方式的优缺点有哪些？

_____

_____

_____

_____

2.2.3　任务实施

　　1. 重难点

　　（1）运输过程中采取的安全控制措施。

　　（2）对运输路线及运输车辆的要求。

　　2. 分组安排

　　具体任务分组安排如表 2-4 所示，教师可根据现场情况进行分组安排。

表 2-4　学习分组表

班级		组号		指导教师	
组长		学号			
组员	任务分工	任务准备情况		任务学习进度	

3. 任务学习内容

1）预制构件运输

（1）构件运输要求

预制构件宜采用专用构件运输车运输。当条件不具备时可以用平板车运输，并采取相应的加固措施。预制构件运输过程中，应采取防止预制构件在运输过程中结构受损、破坏的措施。

（2）构件出厂强度要求

构件出厂时混凝土强度实测值应达到设计要求。预应力构件无设计要求时，出厂时的混凝土强度不应低于混凝土立方体抗压强度设计值的 75%；运输时动力系数宜取 1.5。

（3）运输过程安全控制措施

预制混凝土构件运输宜选用低平板车，并采用专用托架，构件与托架绑扎牢固。预制混凝土梁、叠合板和阳台板宜采用平放运输；外墙板、内墙板宜采用竖直立放运输；柱可采用平放和立放运输，当采用立放运输时应防止倾覆。预制混凝土梁、柱构件运输时平放不宜超过 2 层。搬运托架、车厢板和预制混凝土构件间应放入柔性材料，构件应用钢丝绳或夹具与托架绑扎，构件边角或锁链接触部位的混凝土应采用柔性垫衬材料保护。

（4）装车前检查

装车前转运工应检查钢丝绳、吊钩吊具、墙板架子等各种工具是否完好、齐全。应确保挂钩没有变形，钢丝绳没有断股开裂现象，确定无误后方可装车。吊装时应根据构件规格型号采用相应的吊具进行吊装，不能有错挂漏挂现象。

（5）运输组织

运输装车时应按照施工图纸及施工计划要求组织装车，注意将同一楼层的构件放在同一辆车上，不可随意装车，以免到现场卸车费时费力，装车时注意不要磕碰构件。若项目中有 PCF 板构件，在装车时宜采用竖直运输，提供工厂 PCF 板构件运输架，减少运输成本，工地现场吊装也方便快捷。

2）车辆运输要求

（1）运输路线要求

选择运输路线时，应综合考虑运输路线上桥梁、隧道、涵洞限界和路宽等制约因素，超宽、超高、超长构件可能无法运输。运输前应提前选定至少两条运输路线，以备不可预见情况发生。

(2) 构件车辆要求

为保证预制构件不受破坏，应该严格控制构件运输过程。运输时除应遵守交通法规外，运输车速一般不应超过 60km/h，转弯时应低于 40km/h。构件运输到现场后，应按照型号、构件所在部位、施工吊装顺序分类存放，存放场地应为吊车工作范围内的平坦场地。

(3) 合理运距

合理运距的测算主要是以运输费用占构件销售单价的比例为参考的。通过对运输成本和预制构件销售价格进行对比，可以较准确地测算出运输成本占比与运输距离的关系，也可根据国内平均或者世界上发达国家占比情况反推合理运距。从预制构件生产企业布局的角度来讲，合理运输距离与运输路线相关，而运输路线往往不是直线，运输距离还不能直观地反映布局情况，故提出了合理运输半径的概念。

合理运输半径测算：根据预制构件运输经验，实际运输距离平均值较直线距离增加20%左右，故将构件合理运输半径确定为合理运输距离的约80%。例如：若合理运输半径为 100km，以项目建设地点为中心，以 100km 为半径的区域内的生产企业，其运输距离基本可以控制在 120km 以内，从经济性和节能环保的角度看，处于合理范围。

总的来说，如今国内的预制构件运输与物流的实际情况仍有很多有待提升的地方。虽然有个别企业在积极研发预制构件的运输设备，但总体来看还处于发展初期，标准化程度低，存放和运输方式还较为落后。同时受道路路况、国家运输政策及市场环境的限制和影响，运输效率不高，构件专用运输车数量紧缺且价格较高。

(4) 构件运输示例

预制构件的运输可采用低平板半挂车或专用运输车，并根据构件的种类不同而采取不同的固定方式，楼板采用平面堆放式运输，墙板采用斜卧式运输或立式运输，异形构件采用立式运输，各类构件的运输示例如图 2-8～图 2-11 所示。

图 2-8 预制墙板运输

图 2-9　预制叠合板运输

图 2-10　预制飘窗墙板运输

图 2-11　预制 PCF 板垂直运输

2.2.4　任务评价

预制构件从工厂到施工现场进行安装,需要进行严密的运输组织,预制构件应采用专用运输车辆,并配有简易运输架。通过学习,使学生了解装配式建筑中预制构件物流运输相关知识,能够制定并优化物流运输方案。可通过评价表 2-5 对学生学习情况进行评价,本课程的学习评价主要采用个人学习任务完成情况描述、小组学习任务检查和教师评价相结合的方式,综合考虑学生的课堂表现、成果完成过程和学习成果情况等因素进行评分。

表 2-5　学习评价表

评价指标	个人任务完成情况描述	小组检查	教师评价	分值	得分
课前准备				10	
学习过程				10	
学习态度				20	
学习纪律				10	
成果完成				15	
课后拓展				10	
自评反馈				25	
	汇总得分				

任务小结

任务 2.3　预制构件存放

2.3.1　任务描述

　　装配式建筑施工中,预制构件品种多、数量大,无论在生产车间还是在施工现场均占用较大的场地面积,因此合理有序地对构件进行分类堆放,对于减少构件堆场使用面积,加强成品保护,加快施工进度,构建文明施工环境,均具有重要意义。预制构件的堆放方式应按规范要求,以确保预制构件存放过程中不受破坏。

2.3.2　任务分解

　　1. 预制构件的存放方式有几种? 各自的存放要求是什么?

_____

_____

_____

　　2. 预制构件存放的防护注意事项有哪些?

_____

_____

_____

　　3. 预制构件存放的场地有什么要求?

_____

_____

_____

_____

2.3.3　任务实施

　　1. 重难点

　　(1) 装配式构件信息标识的应用。

　　(2) 预制构件的存放要求、存放场地的要求及存放时的防护要求。

2. 分组安排

具体任务分组安排如表 2-6 所示,教师可根据现场情况进行分组安排。

表 2-6 学习分组表

班级		组号		指导教师	
组长		学号			
组员	任务分工	任务准备情况		任务学习进度	

3. 任务学习内容

1) 安装构件信息标识的基本内容

为了便于在构件存储、运输、吊装过程中快速找到构件,利于质量追溯,明确各个环节的质量责任,便于生产现场管理,预制构件应有完整的明显标识。构件标识包括文件标识、内埋芯片标识、二维码标识三种方式。这三种方式的内容依据为构件设计图纸、标准及规范。

(1) 文件标识

入库后和出厂前,PC 构件必须进行产品标识,标明产品的各种具体信息。在成品构件上进行表面标识的,构件生产企业同时还应按照有关标准规定或合同要求,对供应的产品签发产品质量证明书,明确重要技术参数,有特殊要求的产品应提供安装说明书。构件生产企业的产品合格证应包括:合格证编号、构件编号、产品数量、预制构件型号、质量情况、生产企业名称、生产日期、出厂日期、质检员及质量负责人签字等。

标识中应包括生产单位、工程名称(含楼号)、构件编号(包含层号)、吊点(用颜色区分)、构件重量、生产日期、检验人以及楼板安装方向等信息(图 2-12)。

工程名称		生产日期	
构件编号		检验日期	
构件重量		检验人	
构件规格			

图 2-12 产品标识图

(2) 内埋芯片(RFID)标识

为了在预制构件生产、运输存放、装配施工等环节,保证构件信息跨阶段的无损传递,实现精细化管理和产品的可追溯性,需要为每个 PC 构件编制唯一的"身份证"——ID 识别码,并在生产构件时,在同一类构件的同一固定位置,置入射频识别(RFID)电子芯片(图 2-13)。这也是物联网技术应用的基础。

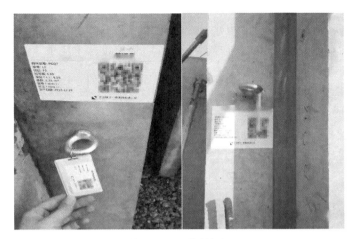

图 2-13　二维码标识

RFID 技术是一种通过无线电信号对携带 RFID 标签的特定对象进行识别的技术,该技术可通过非接触的方式对物体的身份进行识别,读取其携带的信息,同时可对其信息进行修改与写入。相比于其他如磁卡、条形码、二维码等识别技术,RFID 技术具有诸多优点,包括使用方便、无须建立接触、识别速度快、穿透性极强、识别距离远、数据容量大、数据可改写、可工作于恶劣环境等。由于其所具有的诸多优点,目前 RFID 技术已经广泛应用于供应链跟踪、证件识别、车辆识别、门禁识别、生产监控等多个领域,成为物联网发展与应用过程中的关键技术之一。

（3）二维码标识

混凝土预制构件生产企业所生产的每一个构件应在显著位置进行唯一性标识,推广使用二维码标识,预制构件表面的二维码标识应清晰、可靠,以确保能够识别预制构件的“身份”(图 2-13)。

2)多层构件叠放要求

（1）一般要求

① 预制构件支承的位置和方法,应根据其受力情况确定,但不得超过预制构件承载力或引起预制构件损伤,且垫片表面应有防止污染构件的措施。

② 异形构件宜平放,标志向外,堆垛高度应根据预制构件与垫木的承载能力、堆垛的稳定性及地基承载力等验算确定。

③ 堆垛应考虑整体稳定性,支垫木方应采用截面为 15cm×25cm 的枕木,以增大接触面积。

（2）阳台板

① 层间混凝土接触面采用 XPS 隔离,防止混凝土刚性碰撞产生碰损。

② 七字形、一字形阳台板层间支垫枕木截面尺寸 15cm×25cm＋XPS 或柔性隔板(54cm＋3cm),支垫点应选择在距离构件端部,应避开洞口且需上下在同一垂直线上,层数不宜超过 3 层,一字形阳台板要在阳台中间部位自下而上增加支垫点,防止构件发生挠曲变形,不同尺寸的阳台板不允许堆放在同一堆垛上。

（3）楼梯

① 楼梯正面朝上，在楼梯安装点对应的最下面一层采用宽度 100mm 方木通长垂直设置。同种规格依次向上叠放，层与层之间垫平，各层垫块或方木应放置在起吊点的正下方，堆放高度不宜大于 4 层。

② 方木选用长 200mm×宽 100mm×高 100mm，每层放置四块，并垂直放置两层方木，应上下对齐。

③ 每垛构件之间，其纵、横向间距均不得小于 400mm。预制楼梯堆放图如图 2-14 所示。

图 2-14　预制楼梯堆放图

（4）空调板

① 预制空调板叠放时，层与层之间垫平，各层垫块或方木（长 200mm×宽 100mm×高 100mm）应放置在靠近起吊点（钢筋吊环）的里侧，分别放置四块，应上下对齐，最下面一层支垫应通长设置，堆放高度不宜大于 6 层。

② 标识放置在正面，不同板号应分别堆放，伸出的锚固钢筋应放置在通道外侧，以防行人碰伤，两垛之间将伸出的锚固钢筋一端对立而放，其伸出的锚固钢筋一端间距不得小于 600mm，另一端间距不得小于 400mm，空调板堆放示意图如图 2-15 所示。

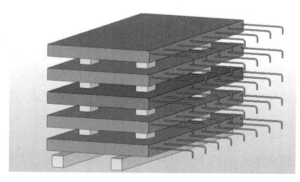

图 2-15　空调板堆放示意图

（5）叠合梁

① 在叠合梁起吊点对应的最下面一层采用宽度 100mm 方木通长垂直设置，将叠合梁

后浇层面朝上并整齐地放置；各层之间在起吊点的正下方放置宽度为 50mm 通长方木，要求其方木高度不小于 200mm。

② 层与层之间垫平，各层方木应上下对齐，堆放高度不宜大于 4 层。

③ 每垛构件之间，在伸出的锚固钢筋一端间距不得小于 600mm，另一端间距不得小于 400mm。叠合梁堆放示意图如图 2-16 所示。

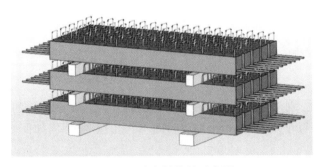

图 2-16　叠合梁堆放示意图

（6）预制墙板

① 预制内外墙板采用专用支架直立存放，吊装点朝上放置，支架应有足够的强度和刚度，门窗洞口的构件薄弱部位，应采取防止变形开裂的临时加固措施。

② L 形墙板采用插放架堆放，方木在预制内外墙板的底部通长布置，且放置在预制内外墙板的 200mm 厚结构层的下方，墙板与插放架空隙部分用方木插销填塞，如图 2-17 所示。

③ 一字形墙板采用联排堆放，方木在预制内外墙板的底部通长布置，且放置在预制内外墙板的 200mm 厚结构层的下方，上方通过调节螺杆固定墙板，如图 2-18 所示。

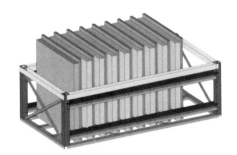

图 2-17　插放架堆放示意图　　　　图 2-18　联排堆放示意图

（7）叠合楼板

① 多层码垛存放构件，层与层之间应垫平，各层垫块或方木（长 200mm×宽 100mm×高 100mm）应上下对齐。垫木放置在桁架侧边，板两端（至板端 200mm）及跨中位置均应设置垫木且间距不大于 1.6m，最下面一层支垫应通长设置，并应采取防止堆垛倾覆的措施，如图 2-19 所示。

② 采取多点支垫时，一定要避免边缘支垫低于中间支垫，形成过长的悬臂，导致较大负弯矩产生裂缝。

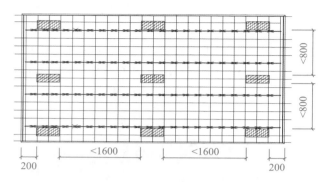

图 2-19 叠合板垫木摆放示意图

③ 不同板号应分别堆放,堆放高度不宜大于 6 层。每垛之间的纵向间距不得小于 500mm,横向间距不得小于 600mm。堆放时间不宜超过两个月,如图 2-20 所示。

图 2-20 叠合板堆放图

(8)PCF 板

① 支架底座下方全部用 20mm 厚橡胶条铺设。

② L 形 PCF 板采用直立的方式堆放,PCF 板的吊装孔朝上且外饰面统一朝外,每块板之间水平间距不得小于 100mm,通过调节可移动的丝杆固定墙板,如图 2-21 所示。

③ PCF 横板采用直立的方式堆放,PCF 板的吊装孔朝上且外饰面统一朝向,每块板之间水平间距不得小于 100mm,通过调节可移动的丝杆固定墙板,如图 2-22 所示。

图 2-21 PCF 板摆放立面图

图 2-22 PCF 横板堆放立面图

3）预制构件存放的注意事项

（1）存放前应先对构件进行清理。构件清理部位主要为套筒、埋件内无残余混凝土、粗糙面分明、光面上无污渍、挤塑板表面清洁等。套筒内如有残余混凝土，应及时清理。埋件内如有混凝土残留现象，应用与埋件匹配型号的丝锥进行清理，操作丝锥时需要注意不能向里拧，要遵循"进两圈回一圈"的原则，避免丝锥折断在埋件内，造成不必要的麻烦。外露钢筋上如有残余混凝土需进行清理。检查是否有卡片等附件漏卸现象，如有遗漏及时拆卸后送至相应班组。

（2）将清理完的构件装到摆渡车上，起吊时避免构件磕碰，保证构件质量。摆渡车由专门的转运工人进行操作，操作时应注意摆渡车轨道内严禁站人，严禁人车分离操作，人与车的距离保持在 2～3m。将构件运至存放场地，然后指挥吊车将不同型号的构件码放到规定的存放位置，码放时应注意构件的整齐。

（3）预制构件应按吊装、存放的受力特征选择卡具、索具、托架等吊装和固定维稳措施。对于清水混凝土构件，做好成品保护，可采用包裹、盖、遮等有效措施。预制构件存放处 2m 范围内不应进行电焊、气焊作业。

2.3.4　任务评价

预制构件运至施工现场后，需要放置在专门的构件堆放区，并根据构件种类、大小、功能规划好存放区域。通过学习，使学生掌握装配式构件信息标识的应用，培养工程质量控制意识，掌握预制构件的存放要求、存放场地的要求及存放时的防护要求。可通过评价表 2-7 对学生学习情况进行评价，本课程的学习评价主要采用个人学习任务完成情况描述、小组学习任务检查和教师评价相结合的方式，综合考虑学生的课堂表现、成果完成过程和学习成果情况等因素进行评分。

表 2-7　学习评价表

评价指标	个人任务完成情况描述	小组检查	教师评价	分值	得分
课前准备				10	
学习过程				10	
学习态度				20	
学习纪律				10	
成果完成				15	
课后拓展				10	
自评反馈				25	
	汇总得分				

任务小结

任务 2.4 预制构件进场验收

2.4.1 任务描述

预制构件包括在专业生产企业和总承包单位制作的构件。对于专业生产制作企业的预制构件，《混凝土结构工程施工质量验收规范》（GB 50204—2015）规定其作为"产品"需进行进场验收，并应符合国家现行有关标准的规定。现场制作的预制构件，按照现浇结构相关要求进行各分项工程验收。

装配式建筑宜建立预制混凝土构件生产首件验收制度。预制混凝土构件生产首件验收制度是指预制混凝土构件制作的同类型首个预制构件，应由建设单位组织设计单位、施工单位、监理单位、预制混凝土构件制作单位进行验收，验收合格后才能进行批量生产。当采用驻厂监理时，驻厂监理工程师应在预制构件隐蔽验收部位、混凝土浇筑等关键工序进行监理旁站。

2.4.2 任务分解

1. 对预制构件外观质量进行检查的步骤是什么？

2. 对构件的预埋件和预留孔洞等规格型号、数量、位置检验的步骤是什么？

3. 对构件粗糙面键槽的外观质量和数量进行检验的方式是什么？

2.4.3 任务实施

1. 重难点

(1) 装配式预制构件外观质量进行检查的步骤。

(2) 预制构件的预埋件和预留孔洞等规格型号、数量、位置检验的步骤。

(3) 预制构件粗糙面键槽的外观质量和数量进行检验的方法。

2. 分组安排

具体任务分组安排如表 2-8 所示，教师可根据现场情况进行分组安排。

表 2-8　学习分组表

班级		组号		指导教师	
组长		学号			
组员	任务分工	任务准备情况		任务学习进度	

3. 任务学习内容

预制构件在工厂制作、现场组装，组装时需要较高的精度，同时每个预制构件具有唯一性，一旦某个构件有缺陷，势必会对工程质量、安全、进度、成本造成影响。作为装配式混凝土结构的基本组成单元，也是现场施工的第一个环节，预制构件进场验收至关重要。

1) 现场质量验收程序

预制构件进场时，施工单位应先进行检查，合格后再由施工单位会同构件厂、监理单位、建设单位联合进行进场验收。

预制构件进场时，在构件明显部位必须注明生产单位、构件型号、质量合格标识；预制构件外观不得存有对构件受力性能、安装性能、使用性能有严重影响的缺陷，不得存有影响结构性能和安装、使用功能的尺寸偏差。

2) 预制构件相关资料的检查

(1) 预制构件合格证的检查

预制构件出厂应带有证明其产品质量的合格证，预制构件进场时由构件生产单位随车人员移交给施工单位。对于无合格证的产品，施工单位应拒绝验收，更不得使用在工程中。

(2) 预制构件性能检测报告的检查

梁板类受弯预制构件进场时应进行结构性能检验，检测结果应符合《混凝土结构工程施工质量验收规范》(GB 50204—2015)中第 9.2.2 条的相关要求。施工单位或监理单位代表驻厂监督生产过程时，除设计有专门要求可不做结构性能检验；施工单位或监理单位应在产品合格证上确认。

（3）拉拔强度检验报告

预制构件表面预贴饰面砖、石材等时，饰面与混凝土的黏结性能应符合设计和现行有关标准的规定。

（4）技术处理方案和处理记录

对出现一般缺陷的构件，应重新验收并检查技术处理方案和处理记录。

3）预制构件外观质量的检查

预制构件进场验收时，应由施工单位会同构件厂、监理单位联合进行进场验收。参与联合验收的人员主要包括：施工单位工程、物资、质检、技术人员，构件厂代表，监理工程师（图 2-23）。

图 2-23 预制构件进场时联合验收

（1）预制构件外观的检查

预制构件的混凝土外观质量不应有严重缺陷，且不应有影响结构性能和安装、使用功能的尺寸偏差。预制构件进场时外观应完好，其上印有构件型号的标识应清晰完整，型号种类及其数量应与合格证上一致。外观有严重缺陷或者标识不清的构件应立即退场。此项内容应全数检查。

（2）预制构件粗糙面检查

粗糙面是采用特殊工具或工艺形成预制构件混凝土凹凸不平或骨料显露的表面，是实现预制构件和后浇混凝土的可靠结合的重要控制环节。粗糙面应全数检查。

（3）预埋件检查

预制构件上的预埋件、预留插筋、预留孔洞、预埋管线等规格型号、数量应符合要求。以上内容与后续的现场施工息息相关，施工单位相关人员应全数检查。检查数量：按照进场检验批，同一规格（品种）的构件每次抽检数量不应少于该规格（品种）数量的 5% 且不少于 3 件。

（4）灌浆孔检查

检查时，可使用细钢丝从上部灌浆孔伸入套筒，如从底部伸出并且从下部灌浆孔可看见细钢丝，即畅通。构件套筒灌浆孔是否畅通，应全数检查。

4）构件进场验收

混凝土预制构件专业生产企业制作的预制构件或部件进场后,预制构件或部件性能检验应考虑构件特点及加载检验条件,《混凝土结构工程施工质量验收规范》(GB 50204—2015)提出了梁板类简支受弯预制构件的结构性能检验要求;其他预制构件除设计有专门要求外,进场时可不做结构性能检验。

对所有进场时不做结构性能检验的预制构件,可通过施工单位或监理单位代表驻厂监督生产的方式进行质量控制,此时构件进场的质量证明文件应经监督代表确认。当无代表驻厂监督时,预制构件进场时应对预制构件主要受力钢筋数量、规格、间距及混凝土强度、混凝土保护层厚度等进行实体检验,具体可按以下原则执行。

（1）实体检验宜采用非破损方法,也可采用破损方法,非破损方法应采用专业仪器并符合国家现行标准的有关规定。

（2）检查数量可根据工程情况由各方商定。一般情况下,不超过 1000 个同类型预制构件可为一批,每批抽取构件数量的 2% 且不少于 5 个构件。

（3）对所有进场时不做结构性能检验的预制构件,进场时的质量证明文件宜增加构件生产过程检查文件,如钢筋隐蔽工程验收记录、预应力筋张拉记录等。

预制构件进场须附隐蔽验收单及产品合格证,施工单位和监理单位应对进场预制混凝土构件进行质量检查。预制构件进场质量检查内容如下。

① 预制构件质量证明文件和出厂标识。

② 预制构件外观质量。

③ 预制构件尺寸偏差。

重点注意做好构件图纸编号与实际构件的一致性检查和预制构件在明显部位标明的生产日期、构件型号、生产单位、构件生产单位验收标志的检查。

2.4.4　任务评价

预制构件进场检验是预制构件安装准备工作的一项重要内容,通过学习,使学生掌握预制构件外观质量检查的要点,能够进行对预埋件和预留孔洞等构件进场质量检验操作,熟悉构件制作质量要点,培养工程质量意识和严谨认真的职业精神。可通过评价表 2-9 对学生学习情况进行评价,本课程的学习评价主要采用个人学习任务完成情况描述、小组学习任务检查和教师评价相结合的方式,综合考虑学生的课堂表现、成果完成过程和学习成果情况等因素进行评分。

表 2-9　学习评价表

评价指标	个人任务完成情况描述	小组检查	教师评价	分值	得分
课前准备				10	
学习过程				10	
学习态度				20	
学习纪律				10	

评价指标	个人任务完成情况描述	小组检查	教师评价	分值	得分
成果完成				15	
课后拓展				10	
自评反馈				25	
	汇总得分				

任务小结

任务 2.5　预制构件质量处理

2.5.1　任务描述

　　预制构件生产是装配式建筑的重要环节,其产品质量直接影响装配式建筑能否顺利实施。在生产过程中由于时间紧、任务重、管理不当等原因,会造成预制构件成品出现质量缺陷,如出现表面色差、蜂窝、麻面、缺棱掉角等问题,从而影响装配式建筑的整体质量。

2.5.2　任务分解

　　1. 预制构件常见的质量问题有哪些?

_____

_____

_____

_____

　　2. 预制构件尺寸偏差产生的原因有哪些?

_____

_____

_____

_____

　　3. 预制构件品质管控阶段的质量控制要点有哪些?

_____

_____

_____

_____

　　4. 预制构件外观缺陷的防治措施有哪些?

_____

_____

_____

_____

2.5.3 任务实施

1. 重难点

（1）预制构件质量问题产生的原因。

（2）预制构件品质管控阶段的质量控制要点。

（3）预制构件外观缺陷的防治措施。

2. 分组安排

具体任务分组安排如表 2-10 所示，教师可根据现场情况进行分组安排。

表 2-10 学习分组表

班级		组号		指导教师	
组长		学号			
组员	任务分工	任务准备情况		任务学习进度	

3. 任务学习内容

1）常见质量问题

在生产过程中由于时间紧、任务重、管理不当等原因，会造成预制构件成品出现质量缺陷，如出现表面蜂窝、麻面、缺棱掉角、尺寸偏差以及预埋预留、粗糙面、成品保护等问题，从而影响装配式建筑的整体质量。具体存在以下问题。

（1）外观质量问题

① 构件表面污染。

预制构件表面污染的原因主要是模具表面隔离剂没有涂刷均匀，模具长时间不使用而生锈；预制构件成品在转运、存放运输过程中保护不到位，表面受外来物污染。其中《装配式混凝土建筑技术标准》（GB/T 51231—2016）中第 9.3.2 条规定：模具应具有足够的强度、刚度和整体稳固性，并应符合下列规定：模具应保持清洁，涂刷隔离剂、表面缓凝剂时应均匀、无漏刷、无堆积，且不得沾污钢筋，不得影响预制构件外观效果。

② 构件缺棱掉角。

构件缺棱掉角的原因主要有构件没有达到设计强度而脱模，造成混凝土边角随模具拆除破损；拆模操作不当，边角受外力撞击破损；模具中的边角位置杂物未及时清理干净，或隔离剂涂刷不均匀、缓凝剂未干燥；预制构件成品在转运、存放运输过程中保护不到位，受到外力或重物撞击而损坏。其中《装配式混凝土建筑技术标准》（GB/T 51231—2016）中第 11.2.3 条规定：预制构件的混凝土外观质量不应有严重的缺陷，且不应有影响结构性能和安装、使用功能的尺寸偏差。

③ 构件裂纹。

构件裂纹产生的原因主要是混凝土强度没有达到设计强度过早起吊;构件在堆放、运输过程中保护措施不规范;预制构件吊运方式或者吊具选用不当,未合理配置钢筋造成拉应力超过允许应力。

④ 构件蜂窝、孔洞、麻面。

构件蜂窝、孔洞、麻面产生的原因主要是混凝土振捣不密实、漏振造成蜂窝麻面;模板表面未清理干净或模板未满涂隔离剂;混凝土搅拌不均匀,造成混凝土黏聚性与流动性不好;混凝土入模时自由倾落高度较大,或者没有进行分层浇筑混凝土,产生离析,出现蜂窝麻面等。

（2）尺寸偏差问题

① 构件截面尺寸偏差。

构件截面尺寸偏差产生的原因主要是预制构件生产过程中模具未按规定要求定期校核与验收;模具定位尺寸不准,未按施工图进行放线或误差较大;混凝土浇筑振捣过程中发生模具跑模问题,预制构件隐蔽工程检验不严格,生产线工人没有进行自检。

② 钢筋定位偏差。

构件钢筋定位偏差产生的原因主要是预制构件生产过程中钢筋加工尺寸不合格或者钢筋固定措施不牢固;浇筑过程中造成钢筋骨架出现变形;混凝土终凝前外伸钢筋没有进行进一步的矫正;预制构件浇筑过程中隐蔽工程检验不严格,生产线工人没有进行自检。

（3）预埋件问题

① 预埋线盒位置错误。

预埋线盒位置错误产生的原因是预制构件生产时预埋件没有加设固定措施;浇筑混凝土过程中预埋件变形产生位移;预制构件在进行钢筋绑扎时,工人随意踩踏或材料随意堆放。

② 预留孔堵塞。

预留孔堵塞产生的原因主要是预制构件生产时没有对预留孔洞进行封堵保护,造成异物进入预留孔洞后堵塞;预制构件模具拼缝不严,造成漏浆,堵塞预留孔洞。

③ 预埋件尺寸偏差。

预埋件尺寸偏差产生的主要原因是现场施工人员施工不细致,不熟悉设计规范或者图纸尺寸计算有偏差,造成尺寸存在冲突（图2-24）;现场施工人员按照图纸布置预埋件,但是预埋件固定措施设置不到位,出现预埋件移位现象;浇筑混凝土时被振捣棒碰撞;抹面时未采取纠正措施。

④ 预埋件锈蚀。

预埋件锈蚀产生的主要原因是预制构件生产完成后,没有对构件外露金属件进行防腐、防锈处理;生产线工人没有进行自检。

⑤ 预埋件遗漏。

预埋件遗漏产生的主要原因是预制构件预埋件埋设深度不足或者套筒埋件型号错误;预制构件混凝土振捣不均匀,造成预埋件脱落;预制构件隐蔽工程检验不严格,生产线工人没有进行自检。

图 2-24　预埋件尺寸偏差

（4）灌浆套筒问题

① 灌浆管口、出浆管口错乱。

灌浆管口、出浆管口错乱产生的主要原因是预制构件套筒设计或者布置位置过密,套管加固不牢,振捣混凝土时因碰撞等原因导致灌浆管口、出浆管口产生错误,成型后管口混乱。

② 灌浆管口、出浆管口堵塞。

灌浆管口、出浆管口堵塞产生的主要原因是配套套管选用不当,灌浆管在混凝土浇筑过程中被破坏或弯折变形;灌浆管底部没有采取固定措施,导致套筒底部水泥浆漏入筒内;灌浆管保护措施不到位,有异物掉入。

③ 灌浆套筒移位。

灌浆套筒移位产生的主要原因是套筒固定部位没有采取有效的固定措施;混凝土浇筑振捣过程中振捣棒碰撞导致套筒偏移;预制构件隐蔽工程检验不严格,生产线工人没有进行自检。

（5）构件标识问题

构件标识问题产生的主要原因是生产企业未严格按规范要求进行标识标注,预制构件设计、生产时遗漏安装标识;生产线工人没有进行自检。

（6）构件运输问题

构件运输问题产生的原因主要是预制构件存放、运输等设计存在缺陷或制作不合理;预制构件装车未严格按规范执行,运输时未采取有效的柔性保护措施。

2）预制构件生产前准备阶段的质量控制要点

产品的质量是一个企业的灵魂,关系到企业的信誉及发展。由于预制构件生产过程中具有工序复杂、产品数量大、成品种类多、过程信息多、工作人员协同要求高的特征,根据工厂生产特点,并结合质量管理要求,生产质量管控过程可分为三个阶段:前期品质管控阶段(表 2-11)、过程控制阶段(表 2-12)和出货控制阶段(表 2-13),并根据各阶段的质量控制要求找出各阶段的质量控制要点。

表 2-11 预制构件前期品质管控阶段的质量控制要点

序号	质量控制要点	使用之前控制	使用过程控制
1	材料与配件采购、入厂	进场验收、检验	检查是否按要求保管
2	套筒灌浆试验	① 灌浆套筒检验:外观、质量、尺寸偏差; ② 灌浆料检验及试验; ③ 连接工艺检验	检验是否符合工艺要求
3	模具制作	① 模具构件进厂验收; ② 模具构件质量检查	检验模具尺寸是否符合规范要求
4	模具表面清理、组装	① 编制操作规程; ② 工人培训; ③ 模具保护以防生锈	检验模具清理是否到位、组装后拼缝是否满足规范要求、螺栓是否拧紧
5	外加剂使用	用隔离剂或缓凝剂做样板试验	隔离剂要求涂刷均匀、缓凝剂按位置和剂量涂刷均匀

表 2-12 构件过程控制阶段的质量控制要点

序号	质量控制要点	使用之前控制	使用过程控制
1	钢筋制作	钢筋下料尺寸检查	① 钢筋骨架绑扎检查; ② 钢筋骨架入模检查; ③ 连接钢筋、加强筋和保护层检查
2	预埋件连接固定	① 预埋件验收与检验; ② 灌浆套筒固定措施、连接措施	① 是否按图纸要求进行安装套筒和预埋件; ② 预埋件与钢筋连接检验
3	混凝土浇筑	① 隐蔽工程验收; ② 布料机、模台工作情况检查; ③ 灌浆套筒封堵措施	① 混凝土搅拌质量; ② 制作混凝土强度试块; ③ 混凝土运输、浇筑时间; ④ 混凝土脱模振捣质量控制; ⑤ 混凝土表面处理质量控制
4	混凝土养护	养护窑工作情况检查	① 是否按照操作规程要求进行养护; ② 混凝土表面平整度控制
5	脱模	拆模前构件表面检查	① 是否按照图样和操作规程要求进行脱模; ② 脱模初检

表 2-13 出货控制阶段的质量控制要点

序号	质量控制要点	使用之前控制	使用过程控制
1	厂内运输存放	运输车辆、道路情况	是否按照图样和操作规程要求进行运输和存放
2	修补	一般缺陷或严重缺陷检查	① 是否按技术方案处理; ② 重新检验验收

续表

序号	质量控制要点	使用之前控制	使用过程控制
3	构件标识	构件标识位置	① 构件标识样式是否符合规定； ② 构件方向标识是否正确
4	装车出厂运输	核实构件编号、检查检验合格标识别；构件运输座架是否符合规范规定	是否按照装车工序及运输保护措施

3）预制构件外观缺陷的防治措施

根据生产质量管控过程的不同阶段，对预制构件生产、运输和堆放过程中遇到的常见问题进行梳理分析，将检查结果分成三类：合格品、可修品、废品。对于可修品提出相应缺陷处理措施。

（1）预制构件成品修补

① 麻面。

结构表面做粉刷的，可不处理；表面无粉刷的，应在麻面部位浇水充分湿润后，用原混凝土配合比去石子砂浆修补。干燥后用细砂纸打磨修补面，使修补处和构件整体平整、光滑成一体，减小修补处与本体的色差。

② 露筋。

表面露筋：对露筋部位进行除锈凿毛处理，刷洗干净后，在表面抹防水材料，再用 1∶2 或 1∶2.5 水泥砂浆将露筋部位抹平。干燥后用细砂打磨修补面，使修补处和构件整体平整、光滑成一体，减小修补处与本体的色差。

深度露筋：凿去薄弱混凝土和突出颗粒，洗刷干净后，用比原来高一等级标号的细石混凝土填塞压实。修补处应做好养护措施，防止出现收缩缝。

③ 蜂窝、孔洞。

将较小蜂窝、孔洞的松动石子和突出骨料颗粒剔除，刷洗干净后，用高强度等级细石混凝土仔细填塞捣实。干燥后用细砂打磨修补面，使修补处和构件整体平整、光滑成一体，减小修补处与本体的色差，如果是较深蜂窝，可预埋压浆管、排气管、表面抹砂浆或灌注混凝土封闭后，进行水泥压浆处理。

④ 缺棱掉角。

将松动石子和突出颗粒剔除，刷洗干净充分湿润后，用相同或高一等级标号的材料修补。如无法直接用修补料处理，应采用支模浇筑混凝土的操作工序。干燥后用细砂打磨修补面，使修补处和构件整体平整、光滑成一体，减小修补处与本体的色差。

⑤ 色差。

养护过程形成的色差，可以不用处理，随着时间推移，表面水化充分之后色差会自然减弱；如果是影响观感的色差，可以用带胶质的砂浆进行调整，但是调整色差的材料不应影响后期装修。

⑥ 气孔。

涂料饰面的构件表面直径大于 1mm 的气孔应进行填充修补。对表面局部出现的气泡，采用相同品种、相同强度等级的水泥拌制成水泥浆体，修复缺陷部位，待水泥浆体硬化后，用细砂纸将整个构件表面均匀地打磨光洁，确保表面无色差。

（2）预制构件报废处理

① 钢筋位移。

装配式建筑预制构件生产中如存在钢筋与预埋件的偏差问题或者构件表面平整度超过了允许值，则不能进入下道工序；如果偏差结果影响较大，甚至对结构安全有一定的影响，应按照相关程序进行报废处理。

② 混凝土强度不足。

预制构件的混凝土强度不足，将对建筑结构的整体稳定性、承载能力及耐久性等多方面产生不利。如混凝土强度较低，可用无损检测法检测混凝土的实际强度，检测结果达不到设计要求的，可以提请设计院给出解决方案，如果确实无法满足结构要求的，进行构件报废处理。

由于预制构件的生产过程质量管控是预制构件能否满足设计要求的关键环节，所以以上预制构件生产过程中出现构件质量问题的修补措施，属于事后控制。通过分析生产过程中受到的各自环境、施工工艺等因素的影响，可以找出内在的规律，达到防治的目的。

2.5.4　任务评价

装配式混凝土构件质量管理是保证构件合格的关键，通过学习，使学生掌握预制构件质量问题产生的原因和预制构件品质管控阶段的质量控制要点，学会预制构件外观缺陷的防治措施。可通过评价表 2-14 对学生学习情况进行评价，本课程的学习评价主要采用个人学习任务描述、小组学习任务检查和教师评价相结合的方式，综合考虑学生的课堂表现、成果完成过程和学习成果情况等因素进行评分。

表 2-14　学习评价表

评价指标	个人任务完成情况描述	小组检查	教师评价	分值	得分
课前准备				10	
学习过程				10	
学习态度				20	
学习纪律				10	
成果完成				15	
课后拓展				10	
自评反馈				25	
	汇总得分				

任务小结

项目小结

本项目主要介绍预制构件制作、预制构件的运输、预制构件的存放、预制构件的进场验收和质量处理等内容,通过学习任务的深入开展,使学生了解预制构件制作基本知识,熟悉预制构件的运输与存放,掌握构件进场验收基本技能,具备初步现场管理的能力,对可能出现的构件质量通病问题,能够有针对性地采取防治措施。

知识链接

微课:构件
进场检验

微课:预制叠合板
的现场码放
储存和运输

微课:预制构件
运输方式

项目 3 装配式混凝土构件吊装施工

1. 了解预制构件进场检查内容、堆放要求。
2. 熟悉预制柱、预制梁、预制剪力墙等装配式构件的施工准备内容。
3. 掌握各预制构件的应用范围、施工工艺流程及注意事项。
4. 掌握预制构件支撑设置要求。
5. 掌握各类装配式构件的吊装施工要点。
6. 熟悉质量验收标准和程序,掌握构件安装的施工流程、质量检验要点,能够进行构件安装的质量检查与控制,会收集质量验收文件。

项目背景材料

　　进入 21 世纪,我国经济发展水平和科技实力不断加强,各行各业的产业化程度不断提高,建筑业和房地产业得到长足发展,材料水平和装备水平足以支撑建筑生产方式的变革,我国的住宅产业化进入了一个新的发展时期,再加上受到劳动力人口红利逐渐消失的影响,建筑业的工业化转型迫在眉睫。我国政府和建设行业行政主管部门对推进建筑产业现代化、推动新型建筑工业化、发展装配式建筑给予了大力支持,国家对建筑行业转型升级的决心和重视程度不言而喻。党的十八大报告提出,要坚定不移地走"新型工业化道路"。2015 年 11 月,《建筑产业现代化发展纲要》(后文简称《纲要》)出台。《纲要》明确了未来5～10 年建筑产业现代化的发展目标。住房和城乡建设部于 2017 年 3 月 23 日印发《"十三五"装配式建筑行动方案》,提出工程目标并明确重点任务。为规范装配式建筑的推广,指导行业企业和从业人员合理应用装配式技术,我国相继出台了若干装配式领域的规范、规程、标准、图集。随着《装配式混凝土结构技术规程》(JGJ 1—2014)的生效,我国建筑产业化发展开始重新起步,即将掀起又一次建筑工业化高潮。

任务 3.1　预制柱吊装

3.1.1　任务描述

　　某工程采用装配整体式钢筋混凝土框架结构,楼盖部分采用预制柱、叠合梁、板。楼板大开洞的相邻部位以及屋盖结构和不符合模数协调规则的区域采用现浇楼板结构。在施工中如何对预制柱进行施工?

3.1.2　任务分解

1. 预制柱施工流程有哪些步骤?

_____

_____

_____

_____

2. 预制柱施工前的准备工作有哪些?

_____

_____

_____

_____

3. 预制柱吊装施工常用工具和设备有哪些?

_____

_____

_____

_____

4. 预制柱施工的操作要点有哪些?

_____

_____

_____

_____

_____

3.1.3　任务实施

1. 重难点

(1) 预制柱施工流程。

(2) 预制柱施工吊装施工要点。

2. 分组安排

具体任务分组安排如表 3-1 所示,教师可根据现场情况进行分组安排。

表 3-1　学习分组表

班级		组号		指导教师	
组长		学号			
组员	任务分工	任务准备情况		任务学习进度	

3. 任务学习内容

1）预制柱施工流程

预制柱（图 3-1）是装配式整体式框架结构建筑的主要构件，在构件进入施工现场后最先吊装的就是预制柱，预制柱的施工技术要求比较高，预制柱的施工质量将直接影响后面梁、板构件的安装。其安装特点是：构件细长，重量较大，稳定性较差，校正和连接构造较复杂，质量要求较严。预制柱施工流程如图 3-2 所示。

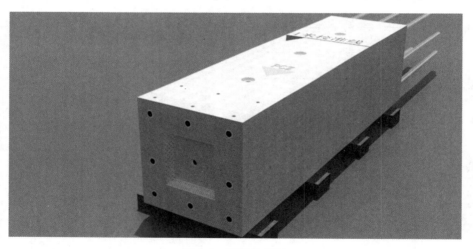

图 3-1　预制柱构件

2）预制柱施工前的准备工作

（1）吊装前应对预制柱进行外观质量检查，尤其要对主筋续接套筒（图 3-3）质量进行检查，以及对预制立柱预留孔（图 3-4）内部进行清理。

（2）吊装前应备齐安装所需的设备和器具，如斜撑、固定用铁件、螺栓、柱底高程调整铁片、起吊工具、铝或木梯等（表 3-2）。

（3）根据图纸放线，对预制柱吊装位置进行测量放样及弹线，确定底部钢筋的位置。

（4）应事先确认预制柱的吊装方向，并对柱构件进行编号，方便后面的施工，从而加快施工进度。

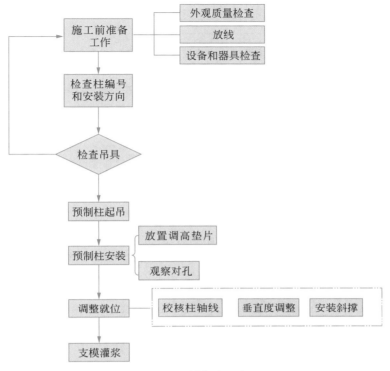

图 3-2　预制柱施工流程

图 3-3　套筒

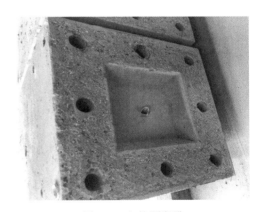

图 3-4　立柱预留孔

表 3-2　预制柱吊装施工常用工具和设备

机 具 名 称	说　　明	图　　片
万向旋转吊环	能实现水平 360°旋转和上下 180°翻转,使用时旋转吊环会随提升方向调整,旋转吊环可以手动调整至拉伸方向。适用于设备、模具的螺栓吊装、侧向吊装翻身。可解决由于预制柱的重量大,构件吊装不易控制的问题	

续表

机 具 名 称	说　　明	图　　片
激光水平仪	激光水平仪在安装工程中比较常用,输出激光垂直面和水平点,通过投射出激光水平线和垂直线与构件进行对比检查,来控制预制构件的水平位置和垂直度,也能测量装饰平面是否凹凸不平或刮花等	
吊线	在吊装工作时,用线吊重物形成垂线,通过垂线检查构件是否垂直。在传统的木工和瓦工施工中应用较多	
水平尺	水平尺是利用液面水平的原理,以水准泡直接显示角位移,测量被测表面相对水平位置、铅垂位置、倾斜位置偏离程度的一种计量器具。主要用来检测或测量水平和垂直度	
柱底高程调整铁片(调整标高垫片)	调整标高垫片一般是采用钢质垫片或硬橡胶垫片,通过采用不同厚度垫片的组合,使预制构件底部标高控制在允许偏差范围内 垫片安装时应考虑以完成立柱吊装后立柱的稳定性以及垂直度可调为原则	
斜支撑	斜支撑一般由插管、套管和支撑头组成,分为外螺纹钢支柱和内螺纹钢支柱。套管由底座、套管、调节螺管和调节螺母组成。插管由开有销孔的钢管和销孔组成。支撑头可采用板式顶托。连接杆宜采用普通钢管,钢管应有足够的刚度	
固定用铁件螺栓	固定安装用	
铝或木梯	临时登高作业使用	

3）预制柱施工的操作要点

（1）调整标高、预留钢筋校正

柱安装施工前,通过激光扫平仪和钢尺检查楼板面标高,用垫片（表 3-3）使预制墙板底部标高控制在允许偏差范围内,底部标高垫片宜采用钢质垫片或硬橡胶垫片。

表 3-3 垫片规格表

垫 片	厚度/mm
	1
	2
	5
	10
	20

根据所弹出墙边线,对预留钢筋进行位置复核,中心位置偏差超过 10mm 的插筋根据图纸采用 1∶6 冷弯校正,不得烘烤。个别偏差较大的插筋,应将插筋根部混凝土剔凿至有效高度后再进行冷弯矫正,以确保连接质量。现浇与预制结构转换层施工时,须加强对采用套筒灌浆连接的钢筋的定位管理(图 3-5),应确保钢筋定位器在后续混凝土浇筑中不受到扰动。

图 3-5 钢筋的定位管理

(2)吊具、缆风绳安装

构件起吊前,作业人员应确认构件型号。首先在预制柱顶部对称安装 2 个旋转吊环,吊梁悬挂 2 根等长度吊索与旋转吊环分别连接,使吊索均匀受力。

起吊前,应对柱子吊装方向做好计划。每个柱子都应吊至指定的位置,并应按照事先的标示进行施工,保证方向的正确性。构件的命名根据建筑的结构类型、构件拆分的方式、项目所在的地理位置等不同而选择相应的表示方法。预制柱设置 2 根缆风绳,长度为构件高度+2m,作用为吊装过程中调节构件方向及位置。

(3)塔吊吊运

起吊时,堆场区及起吊区的信号指挥与塔吊司机的联络通讯应使用标准、规范的普通话。塔吊提升速度 0.5m/s,保证预制柱匀速、安全地吊至就位地点上方,用时 1～3min。

(4)预制柱安装

预制柱吊至离安装面 1m 左右,作业人员稳定柱子不抖动,缓慢指引柱子到指定位置 30cm 处,调整柱子位置,使钢筋头部对准柱底部的套筒空腔,一名作业人员可以利用镜子观察连接钢筋是否对准套筒空腔,然后慢慢插入。注意提醒相关作业人员,避免手脚被夹住,可以使用木方等辅助保护用具。另外操作过程中应使用预先约定的信号和词语。单独安排一名信号工和 2～3 名操作人员进行施工操作。

（5）预制柱调整就位

为了防止柱子倾倒,柱子两面设置可调斜支撑（图 3-6）,柱面支撑点及地面支撑点依次进行安装。斜支撑初步固定后,将激光垂直仪垂直靠放于预制柱上方,向下投点,与楼面上预先测放的 50mm 控制线比较,作业人员通过旋转斜支撑来微调斜支撑的长短,达到调整预制柱垂直度的目的（图 3-7）。预制柱调整操作方法见表 3-4。

表 3-4　预制柱调整操作表

施工步骤	操作要求	操作方法
水平位置调整	中心偏差目标值为±3mm,临界值为±10mm	根据地面主控线（轴线）进行柱子的水平位置调整,即保证柱子中心与轴线重合。使用激光水平仪配合卷尺进行操作
预制柱垂直度调整	垂直允许偏差为±3mm。水平位置允许偏差为±3mm	通过激光仪进行垂直检查,微调斜支撑长度从而进行垂直度调整

图 3-6　预制柱调整

各个柱子矫正后,检查相邻柱子中线的间距,保证和最先进行调整的基准柱子的间距偏差为±10mm 以内

图 3-7　预制柱调整就位后

（6）斜支撑固定

固定斜支撑,摘除吊具,预制柱在安装斜支撑并固定之前,塔吊不得有任何动作及移动。

3.1.4　任务评价

预制柱是框架结构体系中的主要受力构件之一,其安装与连接直接关乎建筑物质量,通过课程的学习,使学生能够严格把控预制柱的安装各个流程,强化规范施工意识。可通过评价表 3-5 对学生学习情况进行评价,本课程的学习评价主要采用个人学习任务描述、小组学习任务检查和教师评价相结合的方式,综合考虑学生的课堂表现、成果完成过程和学习成果情况等因素进行评分。

表 3-5　学习评价表

评价指标	个人任务完成情况描述	小组检查	教师评价	分值	得分
课前准备				10	
学习过程				10	
学习态度				20	
学习纪律				10	
成果完成				15	
课后拓展				10	
自评反馈				25	
	汇总得分				

任务小结

任务 3.2　预制梁、板吊装

3.2.1　任务描述

　　某新建小区,建筑总面积约 26.1 万平方米,包含住宅楼、地下室(含人防)、配电房、电梯、室外道路、管网、景观等附属设施及配套工程,住宅建筑层数 26 层,地下一层,建筑标准层高 2.9m,5 层及以上为装配整体式混凝土剪力墙结构,预制构件包括预制外墙、内墙、叠合梁、叠合板、阳台板、空调板、楼梯,如何进行预制梁、板施工?

3.2.2　任务分解

　　1. 预制梁板施工流程有哪些步骤?

_____

_____

_____

　　2. 预制梁施工前准备工作有哪些?

_____

_____

_____

　　3. 预制梁板吊装临时支撑有哪些?

_____

_____

_____

　　4. 预制梁板吊装施工需要注意哪些操作要点?

_____

_____

_____

_____

3.2.3　任务实施

1. 重难点

（1）预制梁板施工流程。

（2）预制梁板施工吊装施工要点。

2. 分组安排

具体任务分组安排如表 3-6 所示，教师可根据现场情况进行分组安排。

表 3-6　学习分组表

班级		组号		指导教师	
组长		学号			
组员	任务分工	任务准备情况		任务学习进度	

3. 任务学习内容

1）预制梁板施工流程

预制梁，是采用工厂预制，再运至施工现场按设计要求位置进行安装固定的梁。预制梁的施工内容有主梁的吊装施工和次梁的吊装施工，两者施工方式相近，预制次梁一般在一组预制主梁吊装完成后进行（图 3-8）。

预制混凝土梁根据制造工艺不同，可分为预制实心梁、预制叠合梁两类（图 3-9 和图 3-10），按是否采用预应力可分为预制预应力混凝土梁和预制非预应力混凝土梁。现阶段预制梁常用的是叠合梁，其施工流程如图 3-11 所示。

图 3-8　预制主次梁

图 3-9　预制实心梁

图 3-10　预制叠合梁

图 3-11 叠合梁施工流程图

2）施工前的准备工作

（1）构件进场验收合格后，在构件上标明每个构件所属的吊装顺序和编号，便于吊装操作工人辨认。预制板进场验收主要检查资料及外观质量，防止构件在运输过程中发生损坏现象。预制板进入工地现场，堆放场地应夯实平整，并应防止地面不均匀下沉，预制混凝土叠合板应采用板桁架筋朝上叠放的堆放方式，严禁倒置预制混凝土叠合板，各层板下部应设置垫木，垫木应上下对齐，不得脱空。堆放层数不应大于 6 层，并有稳固措施。

（2）按图放线，用水平仪抄测出柱顶与梁底标高误差，然后在柱上弹出梁边控制线，如果发现预制梁搁置处标高不能达到要求，应采用软性垫片进行调整。在吊装完成的梁或墙上测量并弹出相应预制板四周控制线，并在构件上标明每个构件所属的吊装顺序和编号，便于吊装操作工人辨认。预制混凝土叠合板应按照不同型号、规格分类堆放。

（3）设置梁底支撑，支架搭设，梁底支撑采用钢立杆支撑＋可调顶托，可调顶托上铺设长宽为 100mm×100mm 木方，预制梁的标高通过支撑体系的顶丝来调节。预制楼板两端部位设置临时可调节支撑杆，预制楼板的支撑设置应符合以下要求。

① 支撑架体应具有足够的承载能力、刚度和稳定性，应能可靠地承受混凝土构件的自重和施工过程中所产生的荷载及风荷载，支撑立杆下方应铺 50mm 厚木板。

② 确保支撑系统（图 3-12）的间距及距离墙、柱、梁边的净距符合系统验算要求，上下层支撑应在同一直线上，板下支撑间距不大于 3.3m。当支撑间距大于 3.3m 时，需加设支撑。

钢立杆支撑+可调顶托，可调顶托上铺设长宽为 100mm×100mm木方

图 3-12 钢立杆支撑

3）预制梁的吊装施工要点

（1）预制梁的吊装准备

预制梁一般用两点吊，预制梁两个吊点（图 3-13）分别位于梁顶两侧距离两端 0.2L 梁

长,位置由生产构件厂家预留。现场吊装工具采用双腿锁具或扁担梁,吊住预制梁两个吊点逐步移向拟定位置,人工通过预制梁顶绳索辅助梁就位。

图 3-13 吊点位置

（2）预制梁的起吊

预制梁起吊时,先将吊机移动到位,调试吊装机械,用双腿锁具或吊索钩住横吊梁的吊环,吊索应有足够的长度以保证吊索和梁之间的角度≥60°(图 3-14)。

图 3-14 预制梁起吊

（3）预制梁的吊装

预制梁的吊装主要是起吊、扶正、就位三个部分,具体操作步骤如下。

① 在梁两端系上。控制绳先将梁吊离地面 50cm 左右,检查梁是否稳定,然后慢慢转动吊臂向指定位置移动。

② 控制绳随吊随松,控制梁移动中的姿态,将梁吊至柱钢筋上方,调整梁的空中位置和姿态,对准柱上方,缓慢将预制梁放下。

③ 梁放下过程中不断调整柱钢筋位置,使柱钢筋刚好穿过梁端钢筋。

④ 预制梁初步就位后,两侧借助柱头上的梁定位线将梁精确校正,在调平同时将下部可调支撑上紧,这时方可松去吊钩。

（4）预制就位安放梁微调

主梁吊装结束后，根据柱上已放出的梁边和梁端控制线（图 3-15），检查主梁上的次梁缺口位置是否正确，如不正确，需做相应处理后方可吊装次梁，梁在吊装过程中要按柱对称吊装。

图 3-15　梁边和梁端控制线

4）预制板的吊装施工要点

（1）预制梁安装完成后，进行叠合板安装，放线安装独立钢支撑，安装木工梁（铝合金工字梁）或 80mm×200mm 木方，调节龙骨标高，弹竖向垂直定位线。叠合板吊装前在校正完的梁或墙上用墨斗线弹出标高控制线，并复核水平构件的支座标高，对偏差部位进行切割、剔凿或修补，以满足构件安装要求。

（2）按照次序吊装叠合板构件，叠合板搁置长度 15mm。在叠合板构件吊装就位时安装临时支撑，上、下层临时支撑要在同一位置。

（3）吊装时应先将水平构件吊离地面约 500mm，检查吊索是否有歪扭或卡死现象及各吊点受力是否均匀，叠合板构件在安装位置接近 1000mm 时，用手将构件扶稳后缓慢下降就位。

（4）制混凝土叠合板的吊点位置应合理设置，吊点宜采用框架横担梁四点或八点吊，起吊就位应垂直平稳，多点起吊时吊索与板水平面所成夹角不宜小于 60°，不应小于 45°。如图 3-16 所示。

吊索与板水平面所成夹角不宜小于60°，不应小于45°

图 3-16　吊索与板水平面所成夹角

（5）吊装应按顺序连续进行，板吊至上方 30～60mm 后，调整板位置使锚固筋与梁箍筋错开，便于就位，板边线基本与控制线吻合。将预制楼板坐落在木方顶面，及时检查板底与预制叠合梁或剪力墙的接缝是否到位，预制楼板钢筋伸入墙长度是否符合要求，直至吊装完成。叠合楼板与承重砌体墙、钢梁、混凝土梁或剪力墙之间应设置可靠的锚固或连接措施。

5）后浇带的施工

叠合梁板上部钢筋施工，所有钢筋骨交错点均绑扎牢固，同一水平直线上相邻绑扣呈八字形，朝向混凝土构件内部。绑扎叠合楼板负弯矩钢筋和板缝加强钢筋网片。浇筑时，在露出的柱子插筋上做好混凝土顶标高标志，调整边模至板顶设计标高，利用边模顶面和柱插筋的标高控制标志控制混凝土厚度和平整度。后浇带混凝土强度达到规范要求后才可拆除叠合板下部支撑。

3.2.4 任务评价

叠合梁是预制梁的主要应用形式，其安装影响到后续楼板安装的质量，通过课程的学习，使学生能够严格把控预制梁的安装各个流程，强化规范施工意识，注重协同操作，保证构件安装的顺利进行。可通过评价表 3-7 对学生学习情况进行评价，本课程的学习评价主要采用个人学习任务描述、小组学习任务检查和教师评价相结合的方式，综合考虑学生的课堂表现、成果完成过程和学习成果情况等因素进行评分。

表 3-7　学习评价表

评价指标	个人任务完成情况描述	小组检查	教师评价	分值	得分
课前准备				10	
学习过程				10	
学习态度				20	
学习纪律				10	
成果完成				15	
课后拓展				10	
自评反馈				25	
	汇总得分				

任务小结

任务 3.3 预制剪力墙吊装

3.3.1 任务描述

某工程为一综合楼,建筑规模是地下 2 层、地上 16 层,为预制装配整体式框架剪力墙结构体系,地下室及 1~2 层为现浇框架剪力墙结构。2~15 层为预制装配整体式框剪结构,16 层及以上屋面结构采用传统的现浇结构施工。如何进行预制剪力墙构件吊装施工?

3.3.2 任务分解

1. 预制剪力墙施工前准备工作有哪些?

2. 预制剪力墙施工流程有哪些步骤?

3. 预制剪力墙吊装施工的操作要点有哪些?

4. 剪力墙吊装施工完成后需要进行哪项工作?

3.3.3 任务实施

1. 重难点

(1) 预制梁剪力墙施工流程。

(2) 预制剪力墙吊装施工要点。

2. 分组安排

具体任务分组安排如表 3-8 所示,教师可根据现场情况进行分组安排。

表 3-8 学习分组表

班级		组号		指导教师	
组长		学号			
组员	任务分工	任务准备情况		任务学习进度	

3. 任务学习内容

1) 剪力墙的吊装施工流程

剪力墙又称抗风墙、抗震墙或结构墙,是房屋或构筑物中主要承受风荷载或地震作用引起的水平荷载和竖向荷载(重力)的墙体,可防止结构剪切(受剪)破坏,又称抗震墙,一般用钢筋混凝土做成。预制混凝土剪力墙按受力性能分为预制实心剪力墙和预制叠合剪力墙(图 3-17 和图 3-18)。预制叠合剪力墙是指一侧或两侧均为预制混凝土墙板,在另一侧或中间部位浇筑现浇混凝土从而形成共同受力的剪力墙结构。预制实心剪力墙是将混凝土剪力墙在工厂预制成实心构件,并在现场通过预留钢筋与主体结构相连接,目前在国内装配式建筑中使用比较广泛。

图 3-17 预制实心剪力墙

图 3-18 预制叠合剪力墙

2）剪力墙施工前的准备工作

在吊装施工之前需要进行按图放线、安放吊具等施工流程（图 3-19）。预制剪力墙施工准备需要注意以下内容。

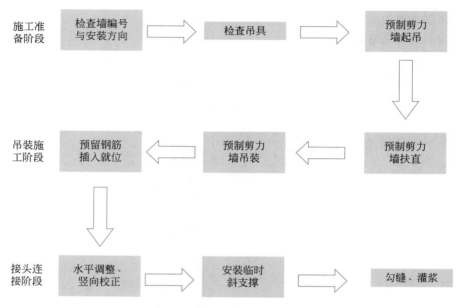

图 3-19　剪力墙的吊装施工流程

（1）在吊装就位之前，提前架好经纬仪、激光水准仪并调平。

将所有墙的位置在地面弹好墨线，根据后置埋件布置图，采用后钻孔法安装预制构件定位卡具，并进行复核检查。

（2）预制剪力墙一般用两点吊，预制剪力墙两个吊点分别位于墙顶两侧距离两端 0.2L 墙长位置，由生产构件厂家预留。

（3）对起重设备进行安全检查，并在空载状态下对吊臂角度、负载能力、吊绳等进行检查，对吊装困难的部件进行空载实际演练，操作人员对操作工具进行清点。

（4）检查预制构件预留灌浆套筒是否有缺陷、杂物和油污，保证灌浆套筒完好。

（5）填写施工准备情况登记表，施工现场负责人检查核对签字后方可开始吊装。

3）预制剪力墙的吊装施工

在施工准备完成后，进行预制剪力墙的吊装施工，其内容包括预制剪力墙吊装、起吊预制剪力墙、预留钢筋就位、水平调整、竖向校正等内容。施工要点如下。

（1）起吊预制剪力墙：吊装角度应符合规范要求，吊装时采用带捌链的扁担式吊装设备，加设缆风绳。

（2）顺着吊装前所弹墨线缓缓下放墙板，吊装经过的区域下方设置警戒区，施工人员应撤离，由信号工指挥，就位时待构件下降至作业面 1m 左右高度时施工人员方可靠近操作，以保证操作人员的安全。墙板下放好垫块，垫块保证墙板底标高的正确；也可提前在预制墙板上安装定位角码（图 3-20），顺着定位角码的位置安放墙板。

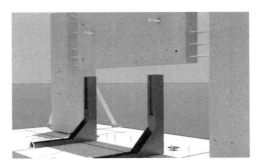

图 3-20 墙板定位角码

（3）墙板底部钢套筒未对准时，可使用倒链将墙板手动微调，重新对孔。底部没有灌浆套筒的外填充墙板直接顺着角码缓缓放下。垫板造成的空隙可用坐浆方式填补。为防止坐浆料填充到外叶板之间，在夹芯板处补充 50mm×20mm 的保温板（或橡胶止水条）堵塞缝隙（图 3-21）。

图 3-21 墙板底部的堵塞缝隙措施

（4）垂直坐落在准确的位置后复核水平是否偏差，无误差后，利用预制剪力墙板上的预埋螺栓和地面后置膨胀螺栓，安装斜支撑杆（图 3-22）。后置膨胀螺栓具体操作方法是将膨胀螺栓在环氧树脂内蘸一下，立即打入地面。检测预制墙体垂直度及复测墙顶标高后，利用斜撑杆调节好墙体的垂直度，方可松开吊钩。在调节斜撑杆时必须两名工人同时间、同方向进行操作。

图 3-22 安装斜支撑杆

（5）调节斜支撑杆完毕后，再次校核墙体的水平位置和标高、垂直度，相邻墙体的平整度。

（6）灌浆和节点混凝土浇筑。

3.3.4　任务评价

预制墙板是装配式建筑应用较为广泛的构件，对安装精度要求高，在工厂预制剪力墙时可与保温层同时制作，并在现场安装，有利于建筑的节能保温功能。通过对墙板安装的知识和技能的学习，培养学生严谨认真的工匠精神，树立绿色节能建筑的理念。可通过评价表3-9对学生学习情况进行评价，本课程的学习评价主要采用个人学习任务描述、小组学习任务检查和教师评价相结合的方式，综合考虑学生的课堂表现、成果完成过程和学习成果情况等因素进行评分。

表3-9　学习评价表

评价指标	个人任务完成情况描述	小组检查	教师评价	分值	得分
课前准备				10	
学习过程				10	
学习态度				20	
学习纪律				10	
成果完成				15	
课后拓展				10	
自评反馈				25	
	汇总得分				

任务小结

任务 3.4 其他构件吊装

3.4.1 任务描述

某新建小区,建筑总面积约 26.1 万平方米,包含住宅楼、地下室(含人防)、配电房、电梯、室外道路、管网、景观等附属设施及配套工程,住宅建筑层数 26 层,地下一层,建筑标准层高 2.9m,5 层及以上为装配整体式混凝土剪力墙结构,预制构件包括预制外墙、内墙、叠合板、阳台板、空调板、楼梯,如何进行吊装施工?

3.4.2 任务分解

1. 常见的装配式建筑施工支撑材料有哪些?

2. 外墙挂板吊装施工流程有哪些步骤?

3. 楼梯吊装施工流程有哪些步骤?

4. 铝合金模板体系使用需要注意哪些事项?

3.4.3 任务实施

1. 重难点

（1）装配式建筑施工支撑材料。

（2）独立钢支柱支撑。

2. 分组安排

具体任务分组安排如表3-10所示，教师可根据现场情况进行分组安排。

表3-10 学习分组表

班级		组号		指导教师	
组长		学号			
组员	任务分工	任务准备情况		任务学习进度	

3. 任务学习内容

1）外墙挂板吊装施工

外墙挂板由钢筋混凝土外页板、保温层、钢筋混凝土内页板组成。外墙挂板通过连接钢筋锚入楼板现浇层或现浇梁内与主体连接，安装在主体结构上，是起围护、装饰作用的非承重预制混凝土构件。

外墙挂板施工工艺流程：轴线、标高复核→确认构件起吊编号→安装吊钩→安装缆风绳、起吊→距地1m静停→吊运→距楼面1m静停→落位→安装斜支撑→取钩→垂直度检查→标高复核→安装墙板加固件→粘贴防水卷材→安装连接件及点焊固定。

2）楼梯安装

楼梯可分为锚入式预制楼梯和搁置式预制楼梯。锚入式预制楼梯是指楼梯在工程预制时上下两端伸出钢筋，在现场安装时锚入梯段暗梁。搁置式预制楼梯是指楼梯在工厂预制时两端预留孔洞，歇台板在施工现场浇筑，并预留出插筋凸出楼面。搁置式预制楼梯在现场安装时，梯段下部平台板为活动铰支座，上部平台板为固定铰支座。

预制楼梯施工工艺流程：确定楼梯定位线→安装挂钩→楼梯起吊→距地1m静停→吊运→距楼面300mm静停→落位→调整→取钩→梯段支撑搭设→水泥码砂浆封堵。

3）阳台板安装

阳台板分为全预制阳台板和叠合阳台板。全预制阳台板是指根据设计将阳台板全部在工厂生产，运抵现场之后直接安装即可，不需要再浇筑混凝土。叠合阳台板是指根据设计图纸将阳台板在工厂预制一部分，运抵现场吊装之后还需预埋水电管线、绑扎楼板上部钢筋及拼缝钢筋，最后再浇筑一层混凝土使其与其他构件形成一个整体。

预制阳台板施工工艺流程：吊前准备→构件确认→挂钩→距地 1m 静停→吊运→距楼面 300mm 静停→落位→取钩→垂直度检查→固定。

　　4）隔墙安装

隔墙是指将室内空间分隔成为不同活动空间的预制构件。墙板下部通过坐浆与板连接，墙板顶部通过插筋与顶面楼板连接。

预制隔墙施工工艺流程：确认构件起吊编号→安装吊钩→安装缆风绳、起吊→安装定位件距地 1m 静停→吊运→距楼面 1m 静停→落位→安装斜支撑→取钩→垂直度检查。

3.4.4　任务评价

装配式混凝土预制构件的种类很多，除了在装配式建筑中主要用于受力的构件外，还有在建筑中起围护、交通等作用的构件。通过对这些构件的施工安装知识的学习，使学生深入了解装配式构件的基础作用，对所学的知识和技能进行评价，有利于培养学生严谨、认真、负责的学习品质和个性特征，同时也可以促使学生进行自我反思，学会对事、对人做出客观、科学的价值判断，并学会自我评价。可通过评价表 3-11 对学生学习情况进行评价，本课程的学习评价主要采用个人学习任务描述、小组学习任务检查和教师评价相结合的方式，综合考虑学生的课堂表现、成果完成过程和学习成果情况等因素进行评分。

表 3-11　学习评价表

评价指标	个人任务完成情况描述	小组检查	教师评价	分值	得分
课前准备				10	
学习过程				10	
学习态度				20	
学习纪律				10	
成果完成				15	
课后拓展				10	
自评反馈				25	
	汇总得分				

任务小结

任务 3.5　安装质量检验

3.5.1　任务描述

　　质量验收是建筑工程的关键环节,对整个建筑项目的成败起到至关重要的作用。装配式混凝土建筑根据《混凝土结构工程施工质量验收规范》(GB 50204—2015)要求,对装配式混凝土结构建筑进行质量验收,装配式结构分项工程可按楼层、结构缝或施工段划分检验批。验收的内容包括预制构件进场、预制构件安装以及装配式结构特有的钢筋连接和构件连接等内容。装配式结构或现场施工中涉及的钢筋绑扎、混凝土浇筑等内容、应分别纳入钢筋、混凝土、预应力等分项工程进行验收。

3.5.2　任务分解

　　1. 预制构件进场需要检查哪些内容?

_____

_____

_____

　　2. 预制构件的存放有哪些要求?

_____

_____

_____

　　3. 预制梁、柱安装要求有哪些?

_____

_____

_____

　　4. 浆锚连接的应用注意事项有哪些?

_____

_____

_____

3.5.3　任务实施

1. 重难点

（1）预制构件进场检查内容、堆放要求。

（2）构件安装质量检查。

（3）成品保护、施工质量、安全控制措施及现场管理。

2. 分组安排

具体任务分组安排如表 3-12 所示，教师可根据现场情况进行分组安排。

表 3-12　学习分组表

班级		组号		指导教师	
组长		学号			
组员	任务分工	任务准备情况		任务学习进度	

3. 任务学习内容

1）构件进场验收

（1）预制构件结构性能检验

混凝土预制构件专业生产企业制作的预制构件或部件进场后，预制构件或部件性能检验应考虑构件特点及加载检验条件，《混凝土结构工程施工质量验收规范》（GB 50204—2015）提出了梁板类简支受弯预制构件的结构性能检验要求；对用于叠合板、叠合梁的梁板类受预制构件（叠合板、底梁），是否进行结构性能检验及检验方式应根据设计要求确定。对多个工程共同使用的同类型预制构件，也可在多个工程的施工、监理单位见证下共同委托进行结构性能检验。其结果对多个工程共同有效。其他预制构件除设计有专门要求外，进场时可不做结构性能检验。

预制钢筋混凝土构件和容许出现裂缝的预制预应力混凝土构件应进行承载力、挠度和裂缝宽度检验；不容许出现裂缝的预制预应力混凝土构件应进行承载力、挠度和抗裂度检验。

大型构件及有可靠应用经验的构件，可只进行裂缝宽度、抗裂和挠度检验；应用数量较少的构件，能提供可靠依据的，可不进行结构性能检验。

成批生产的构件，应按同一工艺正常生产的不超过 1000 件且不超过 3 个月的同类型产品为一批。连续检验 10 批且每批的结构性能检验结果均符合《混凝土结构工程施工质量验收规范》(GB 50204—2015)规定的要求时,对同一工艺正常生产的构件可改为不超过 2000 件且不超过 3 个月的同类型产品为一批。在每批中应随机抽取一个构件作为试件进行检验。

(2)预制构件进场检验

预制构件运至施工现场时的检查内容包括外观检查和几何尺寸检查两大方面。其中,外观检查项目包括:预制构件的裂缝、破损、变形等,应进行全数检查。一般可通过目视进行检查,必要时可采用相应的专用仪器设备进行检测。

预制构件几何尺寸检查项目包括:构件的长度、宽度和高度或厚度以及预制构件对角线等。此外,尚应对预制构件的预留筋和预埋件,一体化预制的窗户等构配件进行检测,其检查的方法一般采用钢尺量测。外观检查和几何尺寸检查的检查频率以及合格与否的判断标准如表 3-13 所示。

表 3-13　外观检查和几何尺寸检查的标准

项　目			允许偏差/mm
长度	板、梁、柱、桁架	<12m	±5
		≥12m 且<18m	±10
		≥18m	±20
	墙板		±4
宽度、高(厚)度	板、梁、柱、桁架截面尺寸		±5
	墙板的高度、厚度		±3
表面平整度	板、梁、柱、墙板内表面		5
	墙板外表面		3
侧向弯曲	板、梁、柱		$L/750$ 且≤20
	墙板、桁架		$L/1000$ 且≤20
翘曲	板		$L/750$
	墙板		$L/1000$
对角线差	板		10
	墙板、门窗口		5
挠度变形	梁、板、桁架设计起拱		±10
	梁、板、桁架下垂		0

装配式混凝土结构工程施工用的原材料、部品、构配件均应按检验批进行进场验收。进场后的构件观感质量、几何尺寸、产品合格证和有关资料,以及构件图纸编号与实际构件的一致性要进行检查;对预制构件在明显部位标明的生产日期、构件型号、生产单位和构件生产单位验收标志进行检查。对构件预埋件、插筋及预留洞规格、位置和数量符合设计图纸的标准进行检查。

（3）预制构件的存放

一般情况下施工现场存放构件的场地较小,构件存放期间易被磕碰或污染,所以应合理安排构件进场顺序,尽可能减少现场存放位置和存放时间。构件的存放场地应平整坚实,并具有排水措施,堆放构件时应使构件与地面之间留有一定空隙。根据构件的刚度及受力情况,确定构件平放或立放,板类构件一般宜采用叠合平放,构件下部放置垫木。垫木应上下对齐,在一条垂直线上;构件的最多堆放层数应按构件强度、地面承受能力和构件重量等因素确定。墙板类构件宜立放,立放时场地必须清理干净,必须有牢固的插放架和靠放架,挂钩工应扶稳构件,垂直落地,其倾斜角度应保持大于80°,必须对称靠放和吊运。

预制构件的存放要注意以下几个方面。

① 构件存放地宜邻近各个作业面,比如南立面的构件放在该立面设置的场地存放。

② 构件存放在起重机有效作业范围内,但不能在高处作业的下方,防止坠落物砸坏构件。

③ 构件存放区域要设置隔离围挡,避免构件被工地车辆碰坏。

④ 存放场地要平整、坚实。

⑤ 构件堆放要考虑吊装顺序,比如柱与梁构件,一般是先吊装柱构件再吊装梁构件。所以在存放时不能将梁构件放在柱构件的上部。

2）安装质量验收

安装施工前,应进行测量放线、设置构件安装定位标识。使用钢尺时,应进行钢尺鉴定误差、温度测定误差修正,并消除定线误差、钢尺倾斜误差、拉力不均匀误差、钢尺对准误差、读数误差等。每层轴线间偏差在±2mm,层高垂直偏差在±2mm。所有测量计算值均应列表,并应有计算人、复核人签字。在仪器操作上,测站与后视方向应用控制网点,避免转站而造成积累误差。定点测量应避免垂直角大于45°。对易产生位移的控制点,使用前应进行校核。在3个月内,必须对控制点进行校核,避免因季节变化而引起误差。在施工过程中,要加强对层高、轴线和净空平面尺寸的测量复核工作。安装施工前,应复核构件装配位置、节点连接构造及临时支撑方案等,应检查复核吊装设备及吊具是否处于安全操作状态,应核实现场环境、天气、道路状况等是否满足吊装施工要求。

装配式结构施工后,其外观质量不应有严重缺陷,且不应有影响结构性能和安装、使用功能的尺寸偏差。构件吊装定位后应分别针对构件放置与轴线位置偏差、构件标高、垂直度、平整度、搁置长度等方面进行检查,对于墙板类构件安装,还需检查相邻墙板高低差、拼缝宽度偏差、支座情况等,构件连接检验和接缝防水检验后续章节进行说明。

（1）预制梁、柱安装的允许偏差应符合表3-14的规定。

表 3-14　预制梁、柱安装的允许偏差

项　　目	允许偏差/mm	检 验 方 法
梁、柱轴线位置	5	基准线和钢尺测量
梁、柱标高偏差	3	水准仪或拉线、钢尺测量
梁搁置长度	±10	钢尺测量

续表

项　目	允许偏差/mm	检验方法
柱垂直度	3	2m 靠尺和吊线量测
柱全高垂直度	$H/1000$ 且≤30	经纬仪测量

（2）预制楼板安装的允许偏差应符合表 3-15 的规定。

表 3-15　预制楼板安装的允许偏差

项　目	允许偏差/mm	检验方法
轴线位置	5	基准线和钢尺测量
标高偏差	±3	水准仪或拉线、钢尺测量
相邻构件平整度	4	2m 靠尺和吊线量测
相邻楼板拼缝宽度偏差	±3	钢尺测量
搁置长度	±10	钢尺测量

（3）预制墙板安装的允许偏差应符合表 3-16 的规定。

表 3-16　预制墙板安装的允许偏差

项　目	允许偏差/mm	检验方法
单块墙板轴线位置	5	基准线和钢尺测量
单块墙板顶标高偏差	±3	水准仪或拉线、钢尺测量
单块墙板垂直度偏差	3	2m 靠尺测量
相邻墙板高低差	2	钢尺测量
相邻墙板拼缝宽度偏差	±3	钢尺测量
相邻墙板平整度偏差	4	2m 靠尺和塞尺量测
建筑物全高垂直度	$H/1000$ 且≤30	经纬仪、钢尺测量

（4）阳台板、空调板、楼梯安装的允许偏差应符合表 3-17 的规定。

表 3-17　阳台板、空调板、楼梯安装的允许偏差

项　目	允许偏差/mm	检验方法
轴线位置	5	基准线和钢尺测量
标高偏差	±3	水准仪或拉线、钢尺测量
相邻构件平整度	4	2m 靠尺和吊线量测
楼梯搁置长度	±10	钢尺测量

（5）装配式结构施工后，预制构件位置、尺寸偏差及检验方法应符合设计要求；当设计无具体要求时，应符合表 3-18 的规定。预制构件与现浇结构连接部位的表面平整度应符合表 3-18 的规定。

表 3-18　装配式结构构件位置和尺寸允许偏差及检验方法

项　目			允许偏差/mm	检验方法
构件轴线位置	竖向构件(柱、墙板、桁架)		8	经纬仪及尺量
	水平构件(梁、楼板)		5	尺量
标高	梁、柱、墙板、楼板底面或顶面		±5	水准仪或拉线、尺量
构件垂直度	柱、墙板安装后的高度	≤6m	5	经纬仪或吊线、尺量
		>6m	10	
构件倾斜度	梁、桁架		5	经纬仪或吊线、尺量
相邻构件平整度	梁、楼板底面	外露	3	2m靠尺和塞尺量测
		不外露	5	
	柱、墙板	外露	5	
		不外露	8	
构件搁置长度	梁、板		±10	尺量
支座、支垫中心位置	板、梁、柱、墙板、桁架		10	尺量
墙板拼缝宽度			±5	尺量

3) 装配式混凝土建筑质量验收

装配式混凝土建筑施工应按现行国家标准《建筑工程施工质量验收统一标准》(GB 50300—2013)的有关规定进行单位工程、分部工程、分项工程和检验批的划分和质量验收。土建工程分为 4 个分部:地基与基础、主体结构(预制与现浇)、建筑装饰装修、建筑屋面。机电安装分为 5 个分部:建筑给排水及采暖、建筑电气、智能建筑、通风与空调、电梯。建筑节能为一个分部。装配式混凝土建筑的装饰装修、机电安装等分部工程应按国家现行有关标准进行质量验收。装配式混凝土结构工程应按混凝土结构子分部工程进行验收,装配式混凝土结构部分应按混凝土结构子分部工程的分项工程验收,混凝土结构子分部中其他分项工程应符合现行国家标准《混凝土结构工程施工质量验收规范》(GB 50204—2015)的有关规定。验收要满足以下条件:结构实体检验符合要求,结构观感质量验收应合格,有完整的全过程质量控制资料,所含分项工程验收质量应合格。

混凝土结构子分部工程验收时,除应按现行国家标准《混凝土结构工程施工质量验收规范》(GB 50204—2015)的有关规定提供文件和记录外,尚应提供下列文件和记录。

(1) 工程设计文件、预制构件安装施工图和加工制作详图。

(2) 预制构件、主要材料及配件的质量证明文件、进场验收记录、抽样复验报告。

(3) 预制构件安装施工记录。

(4) 钢筋套筒灌浆型式检验报告、工艺检验报告和施工检验记录,浆锚搭接连接的施工检验记录。

(5) 后浇混凝土部位的隐蔽工程检查验收文件。

(6) 后浇混凝土、灌浆料、座浆材料强度检测报告。

(7) 外墙防水施工质量检验记录。

（8）装配式结构分项工程质量验收文件。

（9）装配式工程重大质量问题的处理方案和验收记录。

（10）装配式工程的其他文件和记录。

预制构件安装检验批等质量验收记录如表 3-19～表 3-21 所示。

表 3-19　预制板类构件（含叠合板构件）安装检验批质量验收记录表

单位（子单位）工程名称							
分部（子分部）工程名称			验收部位				
施工单位			项目经理				

施工质量验收规程的规定				施工单位检查评定记录			监理（建设）单位验收记录
主控项目	1	预制构件安装临时固定措施					
	2	预制构件螺栓连接					
	3	预制构件焊接连接					
一般项目	1	预制构件水平位置偏移/mm	5				
	2	预制构件标高偏差/mm	±3				
	3	预制构件垂直度偏差/mm	3				
	4	相邻构件高低差/mm	3				
	5	相邻构件平整度/mm	4				
	6	板叠合面	无损害、无浮灰				
施工单位检查评定结果	专业工长（施工员）			施工班组长			
	项目专业质量检查员			年　月　日			
监理（建设）单位验收结论	专业监理工程师（建设单位项目专业技术负责人）			年　月　日			

表 3-20　预制墙板类构件安装检验批质量验收记录表

单位（子单位）工程名称			
分部（子分部）工程名称		验收部位	
施工单位		项目经理	

续表

施工质量验收规程的规定				施工单位检查评定记录				监理（建设）单位验收记录
主控项目	1	预制构件安装临时固定措施						
	2	预制构件螺栓连接						
	3	预制构件焊接连接						
	4	套筒灌浆机械接头力学性能						
	5	套筒灌浆接头灌浆料配合比						
	6	套筒灌浆接头灌浆饱满度						
	7	套筒灌浆同条件试块强度						
一般项目	1	预制墙板水平位置偏移/mm	5					
	2	预制墙板顶标高偏差/mm	±3					
	3	单块墙板垂直度偏差/mm	3					
	4	相邻墙板高低差/mm	2					
	5	相邻墙板拼缝空腔构造偏差/mm	±3					
	6	相邻楼板平整度偏差/mm	4					
	7	建筑物全高垂直度/mm	$H/2000$					
施工单位检查评定结果	专业工长（施工员）			施工班组长				
	项目专业质量检查员			年　月　日				
监理（建设）单位验收结论	专业监理工程师（建设单位项目专业技术负责人）			年　月　日				

表 3-21　预制梁、柱构件安装检验批质量验收记录表

单位（子单位）工程名称			
分部（子分部）工程名称		验收部位	
施工单位		项目经理	

续表

施工质量验收规程的规定				施工单位检查评定记录				监理(建设)单位验收记录
主控项目	1	预制构件安装临时固定措施						
	2	预制构件螺栓连接						
	3	预制构件焊接连接						
	4	套筒灌浆机械接头力学性能						
	5	套筒灌浆接头灌浆料配合比						
	6	套筒灌浆接头灌浆饱满度						
	7	套筒灌浆同条件试块强度						
一般项目	1	预制构件水平位置偏移/mm	5					
	2	预制柱标高偏差/mm	3					
	3	预制柱垂直度偏差/mm	3 与 $H/1000$ 的较小值					
	4	建筑物全高垂直度/mm	$H/2000$					
	5	预制梁水平位置偏差/mm	5					
	6	预制梁标高偏差/mm	3					
	7	梁叠合面	无损害、无浮灰					
施工单位检查评定结果	专业工长(施工员)				施工班组长			
	项目专业质量检查员				年 月 日			
监理(建设)单位验收结论	专业监理工程师(建设单位项目专业技术负责人)				年 月 日			

　　装配式混凝土建筑施工应按现行国家标准《建筑工程施工质量验收统一标准》(GB 50300—2013)的有关规定进行单位工程、分部工程、分项工程和检验批的划分和质量验收。检验批及分项工程应由监理工程师(建设单位项目技术负责人)组织施工单位项目专业质量(技术)负责人等进行验收。分部工程应由总监理工程师(建设单位项目负责人)组织施工单位项目负责人和技术、质量负责人等进行验收;地基与基础、主体结构分部工程的勘察、设计单位工程项目负责人和施工单位技术、质量部门负责人也应参加相关分部工程验收。单位工程完工后,施工单位应自行组织有关人员进行检查评定,并向建设单位提交工程验收报告。建设单位收到工程报告后,应由建设单位项目负责人组织施工(含分包单位),设计、监理、勘察等单位进行单位工程验收。根据装配式施工特点及穿插流水施工需要,应与行业监督部门沟通协调,分段验收。

3.5.4　任务评价

　　质量验收是建筑工程的关键环节,是判别工程质量好坏的重要手段,通过任务的学习,使学生熟悉质量验收程序,掌握常见的质量检验方法,强化工程质量意识。可通过评价表3-22对学生学习情况进行评价,本课程的学习评价主要采用个人学习任务描述、小组学习任务检查和教师评价相结合的方式,综合考虑学生的课堂表现、成果完成过程和学习成果情况等因素进行评分。

表 3-22　学习评价表

评价指标	个人任务完成情况描述	小组检查	教师评价	分值	得分
课前准备				10	
学习过程				10	
学习态度				20	
学习纪律				10	
成果完成				15	
课后拓展				10	
自评反馈				25	
	汇总得分				

任务小结

项目小结

　　本项目主要介绍各预制构件的施工安装和质量控制与验收等内容,通过学习任务的深入开展,使学生了解预制构件安装准备工作,熟悉预制构件的吊装工艺,掌握构件施工要点,具备初步施工质量管理的能力,能区分和应对不同预制构件施工工艺存在的差异,会进行装配式混凝土结构专项施工方案的编制。

知识链接

微课:PCF板
吊装、梁吊装

微课:叠合板
吊装、阳台吊装

微课:预制柱
的施工

项目 4 构件连接施工

知识目标

1. 了解装配整体式混凝土结构节点的构造要求,掌握相邻预制剪力墙、叠合梁板的连接构造。

2. 熟悉装配式混凝土建筑施工现场施工准备工作要点,熟悉现浇节点模板的支设要求,掌握现浇节点钢筋制作与绑扎、混凝土浇筑。

3. 具备装配式构件连接施工质量检验与控制的能力,熟悉装配式混凝土结构工程施工质量标准。

4. 认识灌浆施工操作中所用的工具、材料、设备。

5. 掌握装配式构件的连接方式。

6. 掌握灌浆施工流程和施工要点,能够进行灌浆料流动度检测等常见的质量控制方法。

项目背景材料

装配式混凝土构件可通过钢筋之间的可靠连接,将预先浇筑构件与现浇部分有效连接起来,让整个装配式结构与现浇实现"等同",满足建筑结构安全的要求。上述的可靠连接可以是浆锚灌浆、钢筋搭接、灌浆套筒连接等,日本建筑学会编制的《预制等同现浇解说》中有强调:预制混凝土结构必须具有和现浇混凝土结构相同的强度、刚度和恢复率特征,也就是延性。遵守这一设计原则,预制混凝土结构可以经历大地震的考验,可以达到和现浇混凝土完全等同的效果。自 2015 年 3 月,国家发布了第一批共 9 本跟装配式建筑相关的标准图集与技术措施,用以巩固与保障装配式建筑"等同现浇"的理念。国内的各大企业和科研院所在原有装配式建筑技术的基础上,积极吸收国外的先进技术,引进消化并和国内的实际情况相结合,提出了符合我国自身发展需求的技术体系。特别是在引进国外钢筋连接套筒灌浆技术的情况下,开发了等同现浇的装配整体式框架结构、框架剪力墙结构、剪力墙结构体系。"等同现浇"是现阶段我国装配式混凝土结构设计中最核心的理念,目前装配式结构的两个关键技术已经成熟:一个是受力钢筋的连接和主要的构造技术,即预制构件的受力钢筋采用套筒连接技术;另一个是采用现浇混凝土跟预制构件相结合的技术,不再强调全装配,在预制构件当中,在适当的部位增加一些现浇混凝土,这样使整个装配式混凝土具有很好的延性。"等同现浇"意味着用"现浇混凝土的方式"解决了"装配式建筑"的技术难题,在推动装配式建筑的发展方面,具有非常重大的意义。

任务 4.1 竖向构件节点现浇施工

4.1.1 任务描述

装配式混凝土结构的节点构造,应根据抗震设防烈度、建筑高度及房屋类别合理确定。重要且复杂的节点,其连接的受力性能应通过试验确定,试验方法应符合相应规定。装配式混凝土建筑中,特别是装配整体式剪力墙结构构件的连接,上下层预制剪力墙一般采用套筒灌浆连接,楼层内相邻预制剪力墙间应采用整体式接缝连接,整体式接缝连接需要进行支模、钢筋施工、浇筑混凝土等工序。

4.1.2 任务分解

1. 竖向构件现浇节点的构造要求有哪些?

2. 现浇节点处钢筋绑扎要求有哪些?

3. 现浇节点的混凝土浇筑如何进行?

4. 竖向节点处预留钢筋如何处理?

4.1.3　任务实施

1. 重难点

（1）竖向构件现浇节点的构造要求。

（2）现浇节点的混凝土施工。

2. 分组安排

具体任务分组安排如表4-1所示，教师可根据现场情况进行分组安排。

表 4-1　学习分组表

班级		组号		指导教师	
组长		学号			
组员	任务分工	任务准备情况		任务学习进度	

3. 任务学习内容

1）竖向节点构造

预制柱与楼面（柱底）的连接节点构造主要是采用套筒灌浆的形式，竖向构件的现浇节点主要是指剪力墙之间的整体式接缝连接，《装配式混凝土结构技术规程》（JGJ 1—2014）中规定楼层内相邻预制剪力墙之间应采用整体式接缝连接。当接缝位于纵横墙交接处的约束边缘构件区域时，约束边缘构件的规定区域宜全部采用后浇混凝土，并应在后浇段内设置封闭箍筋。当接缝位于纵横墙交接处的构造边缘构件区域时，构造边缘构件宜全部采用后浇混凝土；当仅在一面墙上设置后浇段时，后浇段的长度不宜小于300mm。边缘构件内的配筋及构造要求应符合现行国家标准《建筑抗震设计规范》（GB 50011—2010）的有关规定；预制剪力墙的水平分布钢筋在后浇段内的锚固、连接应符合现行国家标准《混凝土结构设计规范》（GB 50010—2010）（2015年版）的有关规定。非边缘构件位置，相邻预制剪力墙之间应设置后浇段，后浇段的宽度不应小于墙厚且不宜小于200mm；后浇段内应设置不少于4根竖向钢筋，钢筋直径不应小于墙体竖向分布筋直径且不应小于8mm；两侧墙体的水平分布筋在后浇段内的锚固、连接应符合现行国家标准《混凝土结构设计规范》（GB 50010—2010）（2015年版）的有关规定。

2）节点钢筋加工及绑扎

（1）钢筋加工

竖向构件主要是箍筋、纵筋加工，钢筋下料之后，钢筋箍筋按图加工，应按钢筋配料单进行画线，以便将钢筋准确地加工成所规定的尺寸。弯曲形状比较复杂的钢筋，可先放出实样，再进行弯曲。加工钢筋的允许偏差：受力钢筋顺长度方向全长的净尺寸偏差不应超过±10mm;弯起筋的弯折位置偏差不应超过±20mm;箍筋内净尺寸偏差不应超过±5mm。

（2）钢筋的连接

装配式混凝土结构如果采用钢筋焊接连接,接头应符合现行行业标准《钢筋焊接及验收规程》（JGJ 18—2012）的有关规定;如果采用钢筋机械连接,接头应符合现行行业标准《钢筋机械连接技术规程》（JGJ 107—2016）的有关规定,机械连接接头部位的混凝土保护层厚度宜符合现行国家标准《混凝土结构设计规范》（GB 50010—2010）（2015年版）中受力钢筋的混凝土保护层最小厚度的规定,且不得小于15mm,接头之间的横向净距不宜小于25mm。

（3）钢筋绑扎

根据现浇节点钢筋图,将竖向纵筋从墙顶上插入节点纵向钢筋,穿过相应的箍筋,并与箍筋初步固定。根据图纸要求从下至上放置箍筋,并保证每个箍筋间隔绑扎;从上至下插入纵筋,并绑扎固定。钢筋的规格、形状、尺寸、数量、间距、锚固长度、接头位置、保护层厚度必须符合设计要求和施工规范的规定。预制墙板连接部位宜先校正水平连接钢筋,后安装箍筋套,待墙体竖向钢筋连接完成后绑扎箍筋,连接部位加密区的箍筋宜采用封闭箍筋。如果竖向分布钢筋按搭接做法预留,封闭箍筋或附加连接（也是封闭）钢筋均无法安装,只能用开口箍筋代替。对于竖向钢筋的这种设计,必须在做施工方案时即明确采用Ⅰ级接头机械连接做法,剪力墙中水平分布钢筋宜置于竖向钢筋外侧,并在墙端弯折锚固。

（4）预留钢筋的处理

钢筋套筒灌浆连接接头的预留钢筋应采用专用模具进行定位,并应符合下列规定:定位钢筋中心位置存在细微偏差时,宜采用钢套管方式进行细微调整;定位钢筋中心位置存在严重偏差影响预制构件安装时,应按设计单位确认的技术方案处理;应采用可靠的绑扎固定措施对连接钢筋的外露长度进行控制。预制构件的外露钢筋应防止弯曲变形,并在预制构件吊装完成后,对其位置进行校核与调整。预制梁柱节点区的钢筋安装时,节点区柱箍筋应预先安装于预制柱钢筋上,随预制柱一同安装就位。

3）装配式混凝土结构后浇混凝土施工

（1）支模

墙板间后浇混凝土带连接宜采用工具式定型模板支撑,并应符合下列规定:定型模板应通过螺栓（预置内螺母）或预留孔洞拉结的方式与预制构件可靠连接,定型模板安装应避免遮挡预墙板下部灌浆预留孔洞,夹心墙板的外叶板应采用螺栓拉结或夹板等加强固定,墙板接缝部位及与定型模板连接处均应采取可靠的密封、防漏浆措施。采用预制保温作为免拆除外墙模板（PCF）进行支模时,预制外墙模板的尺寸参数及与相邻外墙板之间拼缝宽度应符合设计要求。安装时,与内侧模板或相邻构件应连接牢固并采取可靠的密封、防漏浆措施。

（2）浇筑准备

后浇混凝土浇筑前,应进行所有隐蔽项目的现场检查与验收。装配式混凝土结构的墙板间边缘构件竖缝后浇混凝土带的浇筑,应该与水平构件的混凝土叠合层以及按设计非预制而必须现浇的结构（如作为核心筒的电梯井、楼梯间）同步进行,一般选择一个单元作为一个施工段,按先竖向、后水平的顺序浇筑施工。这样的施工安排就用后浇混凝土将竖向和水平预制构件结构成了一个整体。

(3)混凝土浇筑

混凝土应采用预拌混凝土,预拌混凝土应符合现行相关标准的规定;装配式混凝土结构施工中的结合部位或接缝处混凝土的流动性应符合设计施工规定;当采用自密实混凝土时,应符合现行相关标准的规定。浇筑混凝土过程中应按规定见证取样留置混凝土试件。同一配合比的混凝土,每工作班且建筑面积不超过 $1000m^2$ 应制作一组标准养护试件,同一楼层应制作不少于 3 组标准养护试件。预制构件连接节点和连接接缝部位后浇混凝土施工应符合下列规定:浇筑前,应清洁结合部位,并洒水润湿。连接接缝混凝土应连续浇筑,竖向连接接缝可逐层浇筑,混凝土分层浇筑高度应符合现行规范要求;浇筑时,应采取保证混凝土浇筑密实的措施;同一连接接缝的混凝土应连续浇筑,并应在底层混凝土初凝之前将上一层混凝土浇筑完毕;预制构件连接节点和连接接缝部位的混凝土应加密振捣点,并适当延长振捣时间。预制构件连接处混凝土浇筑和振捣时,应对模板和支架进行观察及维护,发生异常情况应及时进行处理;构件接缝处混凝土浇筑和振捣时,应采取措施防止模板、相连接构件、钢筋、预埋件及其定位件的移位。

(4)养护

混凝土浇筑完毕后,应按施工技术方案要求及时采取有效的养护措施,并应符合下列规定:应在浇筑完毕后的 12h 以内对混凝土加以覆盖并养护;浇水次数应能保持混凝土处于湿润状态;采用塑料薄膜覆盖养护的混凝土,其敞露的全部表面应覆盖严密,并应保持塑料薄膜内有凝结水;后浇混凝土的养护时间不应少于 14d。

(5)拆除注意事项

预制墙板斜支撑和限位装置,应在连接节点的后浇混凝土强度或连接接缝部位的灌浆料强度,达到设计要求后拆除;当设计无具体要求时,后浇混凝土或灌浆料应达到设计强度的 75% 以上方可拆除。混凝土冬期施工应按现行标准《混凝土结构工程施工规范》(GB 50666—2011)、《建筑工程冬期施工规程》(JGJ/T 104—2011)的相关规定执行。

4.1.4 任务评价

竖向构件节点构造要根据建筑高度及房屋类别合理确定,注意施工流程及要点,强化规范施工意识。可通过评价表 4-2 对学生学习情况进行评价,本课程的学习评价主要采用个人学习任务描述、小组学习任务检查和教师评价相结合的方式,综合考虑学生的课堂表现、成果完成过程和学习成果情况等因素进行评分。

表 4-2　学习评价表

评价指标	个人任务完成情况描述	小组检查	教师评价	分值	得分
课前准备				10	
学习过程				10	
学习态度				20	

续表

评价指标	个人任务完成情况描述	小组检查	教师评价	分值	得分
学习纪律				10	
成果完成				15	
课后拓展				10	
自评反馈				25	
	汇总得分				

任务小结

任务 4.2　水平构件节点现浇施工

4.2.1　任务描述

　　装配式混凝土建筑中,叠合梁板现浇节点连接是一种常见的水平构件节点现浇施工,通常出现在框架结构体系中,装配式混凝土结构的节点构造,应根据规范要求合理确定,叠合梁板上层部分设计为现浇部分,箍筋和桁架钢筋在预制部分梁板中预留,梁板上层钢筋进行现场施工,进行支模、钢筋施工、浇筑混凝土等工序,最后形成一个整体。

4.2.2　任务分解

　　1. 水平构件现浇节点的构造要求有哪些?

　　2. 水平构件现浇节点施工要求有哪些?

　　3. 水平构件连接时如何进行设备管线施工?

　　4. 除了叠合梁板节点,其他形式的水平节点有哪些?

4.2.3 任务实施

1. 重难点

（1）预制构件的类型及特点。

（2）预制构件的应用情况。

2. 分组安排

具体任务分组安排如表 4-3 所示，教师可根据现场情况进行分组安排。

表 4-3 学习分组表

班级		组号		指导教师	
组长		学号			
组员	任务分工	任务准备情况		任务学习进度	

3. 任务学习内容

1）水平节点连接构造

装配整体式混凝土结构的楼盖宜采用叠合楼盖。采用叠合楼盖时，预制板厚度不宜小于 60mm，后浇混凝土叠合层厚度不应小于 60mm。跨度大于 3m 时，宜采用桁架钢筋混凝土叠合板；跨度大于 6m 时，宜采用预应力混凝土预制板。叠合板的连接构造主要分为两类：第一类为板与板的连接构造，包括单向叠合板板侧分离式拼缝连接、双向叠合板整体式接缝连接等；第二类为叠合板与板端支座的连接。

单向叠合板板侧分离式拼缝的接缝处，紧邻预制板顶面且宜设置垂直于板缝的附加钢筋，附加钢筋在两侧后浇混凝土叠合层的锚固长度不应小于 15d，附加钢筋截面面积不宜小于预制板中同方向钢筋面积，钢筋直径不宜小于 6mm、间距不宜大于 250mm。

双向叠合板整体式接缝宜设置在叠合板的次要的受力方向且避开最大弯矩截面。接缝可采用后浇带形式，后浇带的宽度宜小于 200mm，后浇带两侧板底纵向钢筋可在后浇带中搭接连接、弯折锚固。

预制板内的纵向受力钢筋宜从板端伸出并锚入支撑梁或墙的后浇混凝土中，锚固长度不应小于 5d（d 为纵向受力钢筋直径），且宜伸过支座中心线。

当板底分布钢筋不伸入支座时，宜在紧邻预制板顶面的后浇混凝土叠合层中设置附加钢筋，附加钢筋截面面积不宜小于预制板内同向分布的钢筋面积，间距不宜大于 600mm，在板的后浇混凝土叠合层内锚固长度不应小于 15d，在支座内锚固长度不应小于 15d，且宜伸过支座中心线。

2）节点连接施工

预制构件吊装就位以后，需要根据结构设计的相关图纸，绑扎梁、板连接节点钢筋，在钢筋绑扎之前，首先应校正预留锚筋、箍筋的位置和箍筋弯钩角度，检查半成品钢筋的型号、直径、形状、尺寸和数量是否与设计相符，如有错漏，应及时纠正，清理干净粘附在钢筋上的混凝土浮浆或其他污染物。预制叠合梁采用封闭箍筋时，预制梁上部纵筋应预先穿入箍筋内临时固定，并随预制梁一同安装就位。预制叠合梁采用开口箍筋时，预制梁上部纵筋可在现场安装。

装配式混凝土结构后浇混凝土内的连接钢筋应埋设准确，连接与锚固方式应符合设计和现行有关技术标准的规定。构件连接处钢筋位置应符合设计要求。当设计无具体要求时，应保证主要受力构件和构件中主要受力方向的钢筋位置，并应符合下列规定：框架节点处，梁纵向受力钢筋宜置于柱纵向钢筋内侧；当主、次梁底部标高相同时，次梁下部钢筋应放在主梁下部钢筋之上。

当钢筋采用弯钩或机械锚固措施时，钢筋锚固端的锚固长度应符合现行国家标准《混凝土结构设计规范》（GB 50010—2010）（2015 年版）的有关规定；采用钢筋锚固板时，应符合现行行业标准《钢筋锚固板应用技术规程》（JGJ 256—2011）的有关规定。

节点模板安装之前，可在模板支设处及楼面、模板与结构面结合处粘贴 30mm 宽的双面胶带固定，并用对拉螺栓进行紧固，对拉螺栓外部需要套上塑料管来保护，在塑料管两端以及模板接触处需要分别加设塑料帽和海绵止水垫来进行防水处理。

在对节点进行混凝土浇筑的同时，应当使用插入式振捣棒加以振捣，并且在用混凝土对叠合板进行浇筑时，应当使用平板振动器来对其进行必要的振捣，并保证混凝土振捣的密实。叠合板进行浇筑之后的 12h 以内，应做好相应的覆盖浇水养护工作，若外界气温低于 5℃，则需要采用覆膜和毛毡加以养护，并且养护时间应满足规范及相关要求。

3）设备管线施工

装配整体式混凝土结构水电暖管（线）、预留洞预埋与传统现浇结构相比较，其大部分提前到预制构件生产过程中完成，施工现场只是在预制构件混凝土叠合层上布设部分管线。

要熟悉掌握电气等专业图纸及结构图纸中预制和现浇工程，划分需预埋电气管线的工作，做好现浇部分电盒、电管的预埋，该分项工程按照土建进度同步进行，线管和箱盒开口处用木屑和发泡塑料填塞并用封口胶封堵密实，防止水泥浆及灰渣进入，造成管路堵塞，预埋结束后，需及时核对，确认无误后，报请相关单位负责人进行隐蔽工程验收。

金属管暗敷在钢筋混凝土中，线管宜与钢筋绑扎固定，严禁与钢筋主筋焊接固定。配管时，埋入混凝土内的金属管内壁应做防腐处理。暗配金属管采用套管连接时，管口应对准在套管心并焊接严密，套管长度不得小于金属管外径的 2.2 倍，管进箱盒必须焊接跨接地线，焊接长度不应小于圆钢直径的 6 倍，并必须两面施焊，金属管进配电箱、盒采用丝扣锁母固定时，应焊接跨接地线，如采用焊接法，宜在管孔四周点焊 3～5 处，烧焊处必须做好防腐处理。

采用阻燃 PVC 管暗敷时，其管线与箱盒、配件的材质均宜使用配套的制品。PVC 管管口应平整、光滑；管与管、管与盒（箱）等器件应用插入法连接；连接处结合面应涂专用胶黏剂,接口应牢固密封。植埋于地下或楼板内的 PVC 管,在露出地面时易受机械损伤的部分,应采取保护措施。暗敷在混凝土内的管,离表面的净距不应小于 15mm,为了减少线管的弯曲线路,宜沿最近的路线敷设,其弯曲处不应折皱,弯曲程度不应大于管外径的 10%,其明配时弯曲半径不应小于外径的 6 倍,暗敷在混凝土内的管道弯曲半径不小于管径的 10 倍。线管超过规范允许最大长度,需加过线盒。PVC 管切割方法:先将弹簧插入管内,两手用力慢慢弯曲管子,考虑到管子的回弹,弯曲角度要稍过一些。PVC 管连接方法:将管子清理干净,在管子接头表面均匀刷一层 PVC 胶水后立即将刷好胶水的管头插入接头内,不要扭转,保持约 15s 不动即可以贴牢。

4.2.4　任务评价

水平构件节点要满足使用和施工阶段的强度、刚度和稳定性要求,其支撑体系的设置要求构造简单,受力明确,在施工中注意施工流程及要点,强化规范施工意识。可通过评价表 4-4 对学生学习情况进行评价,本课程的学习评价主要采用个人学习任务描述、小组学习任务检查和教师评价相结合的方式,综合考虑学生的课堂表现、成果完成过程和学习成果情况等因素进行评分。

表 4-4　学习评价表

评价指标	个人任务完成情况描述	小组检查	教师评价	分值	得分
课前准备				10	
学习过程				10	
学习态度				20	
学习纪律				10	
成果完成				15	
课后拓展				10	
自评反馈				25	
	汇总得分				

任务小结

任务 4.3　构件现浇连接质量检验

4.3.1　任务描述

我国主要采用等同现浇的设计概念,高层建筑基本采用装配整体式混凝土结构,即预制构件之间通过可靠的连接方式,与现场后浇混凝土、水泥基灌浆料等形成整体的装配式混凝土结构。

4.3.2　任务分解

1. 钢筋质量检验有什么要求?

2. 隐蔽工程验收的内容有哪些?

3. 后浇带混凝土施工注意事项有哪些?

4. 保证后浇带混凝土强度的措施有哪些?

4.3.3 任务实施

1. 重难点

（1）后浇带钢筋工程验收。

（2）后浇带混凝土施工注意事项。

2. 分组安排

具体任务分组安排如表 4-5 所示，教师可根据现场情况进行分组安排。

表 4-5 学习分组表

班级		组号		指导教师	
组长		学号			
组员	任务分工	任务准备情况		任务学习进度	

3. 任务学习内容

1）钢筋质量检验

钢筋工程属于隐蔽工程，在浇混凝土前对钢筋及预埋件进行隐蔽工程验收，并按规定做好隐蔽工程记录，以便查验。其内容包括：后浇混凝土处钢筋牌号、规格、数量、位置、锚固长度等。检查抗剪钢筋、预埋件、预留专业管线的数量、位置和现浇结构的混凝土结合面。检查钢筋绑扎是否牢固，有无变形、松脱和开焊。钢筋工程的施工质量检验应按主控项目、一般项目，按规定的检验方法进行检验。检验批质量应符合下列规定：主控项目的质量经抽样检验合格；一般项目的质量经抽样检验合格；当采用计数检验时，除有专门要求外，一般项目的合格点率应达到 80% 及以上，且不得有严重缺陷；具有完整的施工操作依据和质量验收记录。

现浇混凝土所用钢筋进场时，应按国家现行相关标准的规定抽取试件做力学性能和重量偏差检验，检验结果必须符合有关标准的规定。应检查产品合格证和出厂检验报告，并按相关标准的规定进行抽样检验。产品合格证、出厂检验报告是对产品质量的证明资料，应列出产品的主要性能指标；当用户有特殊要求时，还应列出某些专门检验数据。有时产品合格证、出厂检验报告可以合并。进场复验报告是进场抽样检验的结果，并作为材料能否在工程中应用的判断依据。

装配式结构中钢筋安装位置的允许偏差（表 4-6）除设计有专门规定外，尚应符合现行国家标准《混凝土结构工程施工质量验收规范》（GB 50204—2015）中有关现浇混凝土结构的规定。

表 4-6 钢筋安装位置的允许偏差和检验方法

项　　目			允许偏差/mm	检 验 方 法
绑扎钢筋网	长、宽		±10	钢尺检查
	网眼尺寸		±10	钢尺量连续三档,取最大值
绑扎钢筋骨架	长		±10	钢尺检查
	宽、高		±5	钢尺检查
受力钢筋	间距		±10	钢尺量两端、中间各一点,取最大值
	排距		±5	
	保护层厚度	基础	±10	钢尺检查
		柱、梁	±5	钢尺检查
		板、墙	±3	钢尺检查
绑扎箍筋、横向钢筋间距			±10	钢尺量连续三档,取最大值
钢筋弯起点位置			10	钢尺检查
预埋件	中心线位置		5	钢尺检查
	水平高差		+3,0	钢尺和塞尺检查

2) 节点混凝土质量检验

(1) 原材料质量检验

水泥进场时应对其品种、级别、包装或散装仓号、出厂日期等进行检查,并应对其强度、安定性及其他必要的性能指标进行复验,其质量必须符合现行国家标准《通用硅酸盐水泥》(GB 175—2020)等的规定。当在使用中对水泥质量有怀疑或水泥出厂超过三个月(快硬硅酸盐水泥超过一个月)时,应进行复验,并按复验结果使用。钢筋混凝土结构、预应力混凝土结构中,严禁使用含氯化物的水泥。混凝土所用的粗、细骨料的质量应符合国家现行标准《普通混凝土用碎石或卵石质量标准及检验方法》(JGJ 52—2006)、《普通混凝土用砂、石质量及检验方法标准》(JGJ 53—92)的规定。

(2) 混凝土的配合比质量检验

混凝土应按国家现行标准《普通混凝土配合比设计规程》(JGJ 55—2011)的有关规定,根据混凝土强度等级、耐久性和工作性等要求进行配合比设计。有特殊要求的混凝土,其配合比设计尚应符合国家现行有关标准的专门规定。

混凝土原材料每盘称量的允许偏差(表 4-7)应符合规定,各种量器应定期校验,每次使用前应进行零点校核,保持计量准确。当遇雨天或含水率有显著变化时,应增加含水率检测次数,并及时调整水和骨料的用量。

表 4-7 原材料每盘称量的允许偏差

材料名称	允许偏差
水泥、掺合料	±2%
粗、细骨料	±3%
水、外加剂	±2%

（3）混凝土施工质量检验

结构混凝土的强度等级必须符合设计要求。用于检查结构构件混凝土强度的试件,应在混凝土的浇筑地点随机抽取。取样与试件留置应符合规定。一般是一次连续浇筑超过1000m³ 时,同一配合比的混凝土每 200m³ 取样不得少于一次。每一楼层、同一配合比的混凝土,取样不得少于一次,每次取样应至少留置一组标准养护试件,同条件养护试件的留置组数应根据实际需要确定。混凝土运输、浇筑及间歇的全部时间不应超过混凝土的初凝时间。同一施工段的混凝土应连续浇筑,并应在底层混凝土初凝之前将上一层混凝土浇筑完毕。当底层混凝土初凝后浇筑上一层混凝土时,应按施工技术方案中对施工缝的要求进行处理。后浇带的留置位置应按设计要求和施工技术方案确定。后浇带混凝土浇筑应按施工技术方案进行。混凝土浇筑完毕后,应按施工技术方案及时采取有效的养护措施,应在浇筑完毕后的 12h 以内对混凝土加以覆盖并保湿养护。混凝土浇水养护的时间根据所用水泥类型及施工方案要求确定,一般对采用硅酸盐水泥、普通硅酸盐水泥或矿渣硅酸盐水泥拌制的混凝土,不得少于 7d;对掺用缓凝型外加剂或有抗渗要求的混凝土,不得少于14d。浇水次数应能保持混凝土处于湿润状态;混凝土养护用水应与拌制用水相同。采用塑料布覆盖养护的混凝土,其敞露的全部表面应覆盖严密,并应保持塑料布内有凝结水。混凝土强度达到 $1.2N/mm^2$ 前,不得在其上踩踏或安装模板及支架。日平均气温低于 5℃时,不得浇水;采用其他品种水泥时,混凝土的养护时间应根据所采用水泥的技术性能确定;混凝土表面不便浇水或使用塑料布时,宜涂刷养护剂。

后浇带混凝土强度应符合设计要求,为保证浇筑质量,预制构件结合面疏松部分的混凝土应剔除并清理干净,模板应保证后浇混凝土部分形状,尺寸和位置准确,并应防止漏浆,在浇筑混凝土前应洒水润湿结合面,混凝土应振捣密实,做好取样工作,按要求制作养护试件。当混凝土强度未达到设计要求时,不得吊装上一层构件。

4.3.4 任务评价

通过对所学习的知识和技能进行评价,引导学生养成严谨的工作态度,强化工程质量意识,可通过评价表 4-8 对学生学习情况进行评价,本课程的学习评价主要采用个人学习任务描述、小组学习任务检查和教师评价相结合的方式,综合考虑学生的课堂表现、成果完成过程和学习成果情况等因素(表 4-8)进行评分。

表 4-8　学习评价表

评价指标	个人任务完成情况描述	小组检查	教师评价	分值	得分
课前准备				10	
学习过程				10	
学习态度				20	
学习纪律				10	
成果完成				15	

续表

评价指标	个人任务完成情况描述	小组检查	教师评价	分值	得分
课后拓展				10	
自评反馈				25	
	汇总得分				

任务小结

任务 4.4　灌 浆 施 工

4.4.1　任务描述

　　某建筑结构体系为预制装配整体式框架剪力墙结构体系,装配式构件类型包括:预制框架梁、预制次梁、预制叠合板、预制外墙板、预制楼梯。现已将构件吊装完成,预制框架梁、预制次梁、预制叠合板在其顶部叠合部位浇捣混凝土,柱和外墙板采用灌浆施工连接。

4.4.2　任务分解

　　1. 灌浆工具及材料有哪些?

_____

_____

_____

　　2. 套筒灌浆施工流程有哪些步骤?

_____

_____

_____

_____

　　3. 套筒灌浆施工应注意哪些要点?

_____

_____

_____

_____

　　4. 钢筋浆锚连接的应用条件有哪些?

_____

_____

_____

_____

4.4.3　任务实施

1. 重难点

(1) 套筒灌浆施工流程。

(2) 套筒灌浆施工要点。

2. 分组安排

具体任务分组安排如表 4-9 所示,教师可根据现场情况进行分组安排。

表 4-9　学习分组表

班级		组号		指导教师	
组长		学号			
组员	任务分工	任务准备情况		任务学习进度	

3. 任务学习内容

1) 灌浆材料、工具及设备

(1) 灌浆材料

灌浆套筒在预制构件生产时进行预埋,可分为全灌浆套筒、半灌浆套筒两种形式。全灌浆套筒的两端钢筋均采用灌浆套筒连接,主要用于水平构件的钢筋连接;半灌浆套筒的一端钢筋采用灌浆套筒连接,另一端钢筋一般采用螺纹连接方式锚固在预制混凝土构件中,主要用于竖向构件的钢筋连接。

采用套筒灌浆连接技术的受力钢筋应采用符合现行国家标准规定的带肋钢筋;钢筋直径不宜小于 12mm,不宜大于 40mm,灌浆连接端用于钢筋锚固的深度不宜小于插入钢筋公称直径的 8 倍。

灌浆料以水泥为基本材料,配以细骨料、混凝土外加剂和其他材料组成。加水拌和后,具有良好的流动性、早强性、高强性、微膨胀性等,填充于套筒与带肋钢筋间隙。其中细骨料最大粒径不宜超过 2.36mm。

(2) 灌浆工具

灌浆搅拌设备与工具有砂浆搅拌机、搅拌桶、电子秤、测温计、计量杯等。搅拌桶主要用来盛搅拌浆料,测温计用来测环境温度及灌浆料的温度,电子秤和计量杯主要用来精确称量干料和水,砂浆搅拌机最常用的是冲击转式砂浆搅拌机,主要用途是搅拌浆料。

灌浆料检验工具包括检测流动度的圆截锥试模、带刻度的钢化玻璃板,检测抗压强度的试块试模。圆截锥试模尺寸分别为上口(直径 70mm)×下口(直径 100mm)×高(60mm),主要进行流动度检测。

（3）灌浆设备

灌浆设备（图 4-1）有电动灌浆设备和手动灌浆设备，电动灌浆设备有泵管挤压灌浆泵，使用特点：流量稳定，速度可调，适合泵送不同黏度灌浆料；故障率低、泵送可靠，可设定泵送极限压力。但是使用后需要认真清洗，防止灌浆料固结堵塞设备。还有一种电动灌浆设备是螺杆灌浆泵，它适合低黏度、骨料较粗的灌浆料灌浆。其体积小、重量轻，便于运输。但是螺旋泵胶套寿命有限，骨料对其磨损较大，需要更换。扭矩偏低，泵送力量不足，不易清洗。气动灌浆器结构简单，清洗简单。缺点是没有固定流量，需配气泵使用，最大输送压力受气压力制约，不能应对需要较大压力灌浆场合。要严防压力气体进入灌浆料和管路中。

图 4-1　灌浆设备

手动灌浆设备主要适用于单仓套筒灌浆、制作灌浆接头，以及水平缝连通腔不超过 30cm 的少量接头灌浆、补浆施工。

2）灌浆施工

装配式建筑施工中将各类预制构件进行有效连接的施工技术就是灌浆作业，主要用在预制柱、预制剪力墙等重要构件的连接，它直接影响到装配式建筑的结构安全。预制构件的连接技术是装配式结构关键、核心的技术。其中钢筋套筒灌浆连接接头技术是装配式混凝土结构技术规程所推荐的主要接头技术，也是形成各种装配整体混凝土结构的重要基础。传统现浇混凝土结构的钢筋搭接一般采用绑扎连接、机械连接和直接焊接等方式（图 4-2）。

（a）绑扎连接　　　　　　　　（b）机械连接　　　　　　　　（c）直接焊接

图 4-2　钢筋的各类连接

装配式混凝土结构预制构件之间，钢筋常用的连接方式主要有套筒灌浆连接和钢筋浆锚连接。钢筋套筒灌浆连接是在预制混凝土构件内预埋的金属套筒中插入钢筋并灌注水泥基灌浆料而实现的钢筋机械连接方式。钢筋浆锚搭接连接是在预制混凝土构件中预留孔道,在孔道中插入需搭接的钢筋,并灌注水泥基灌浆料而实现的钢筋搭接连接方式。钢筋套筒灌浆连接的主要原理是预制构件一端的预留钢筋插入另一端预留的套筒内,钢筋与套筒之间通过预留灌浆孔灌入高强度无收缩水泥砂浆,即完成钢筋的续接。

(1)钢筋套筒灌浆连接的施工过程

钢筋套筒灌浆主要施工步骤是:注浆孔的清理→预制构件底部封模→无收缩砂浆的制备与检测→砂浆注浆→场地清理。

灌浆套筒进场时,应抽取灌浆套筒检验外观质量、标识和尺寸偏差(表 4-10)。

表 4-10 灌浆套筒灌浆段最小内径尺寸要求

钢筋直径/mm	钢筋直径灌浆段最小内径与连接钢筋公称直径差最小值/mm
12~25	10
28~40	15

套筒灌浆连接接头应满足强度和变形性能要求,钢筋套筒灌浆连接接头的抗拉强度不应小于连接接头两端钢筋的抗拉强度标准值,且破坏时应断于接头外钢筋。

(2)钢筋套筒灌浆连接的施工要点

① 注浆孔的清理。

钢筋套筒灌浆连接是在预制构件吊装完成后进行的,在注浆孔的清理和构件底封模过程中要注意先用高压空气清理构件底部杂物(图 4-3)。

图 4-3 注浆孔清理

② 预制构件底部封模。

对构件的底部接缝处四周封模,必须确保在注浆过程中此处不漏浆,封模材料可以用砂浆或木材,用木材作封模材料时要塞紧,以免木材受压力作用跑位漏浆。如果用水清洁则需等干燥后再进行灌浆。

如果灌浆范围过大则需进行分仓处理,分仓应在吊装前进行,相隔时间不宜大于15min,建议每隔 1m 分一个仓,根据现场或工艺的实际情况可延长,竖向钢筋与分仓隔墙的距离需≥40mm,分仓隔墙用封堵料分隔。

③ 灌浆料的制备与检测。

灌浆料进场时,应对灌浆料拌合物 30min 流动度、泌水率及 3d 抗压强度、28d 抗压强度、3h 竖向膨胀率、24h 与 3h 竖向膨胀率差值进行检验。

灌浆料的制备要严格按照其配比说明书进行操作,一般用机械搅拌。灌浆料使用时需要严格掌握并准确执行产品使用说明书规定的操作要求。灌浆料使用时应检查产品包装上印制的有效期和产品外观,无过期情况和异常现象后方可开袋使用。

在浆料拌合时,要严格控制加水量,必须执行产品生产厂家规定的加水率。若加水过多时,会造成灌浆料泌水、离析、沉淀,多余的水分挥发后形成孔洞,严重降低灌浆料抗压强度。加水过少时,灌浆料胶凝材料部分不能充分发生水化反应,无法达到预期的工作性能。灌浆料的要求见表 4-11。

表 4-11 灌浆料的要求

	时间(龄期)/d	抗压强度/(N/mm²)	
灌浆料抗压强度要求	1	≥35	
	3	≥60	
	28	≥85	
灌浆料竖向膨胀率要求	项 目	竖向膨胀率/%	
	3h	≥0.02	
	24h 与 3h 差值	0.02~0.50	
灌浆料拌合物的工作性能要求	项 目	工作性能要求	
	流动度	初始	≥300
		30	≥260
	泌水率/%	0	

在灌浆料的制备与检测步骤中要注意,事先检查灌浆机具是否干净,尤其是输送软管内不应有残余水泥,防止堵塞灌浆机。检查所用材料是否在有效期内,检查水质是否清洁,灌浆料应在制备后半小时内用完。

④ 注浆。

在进行灌浆时要注意,灌浆时应从预留在构件底部的注浆孔注入,一般是先开动机器,将注浆管插入其中一个下部灌浆孔中,将灌浆料缓慢均匀地倒入机器中进行注浆,灌浆过程先快后慢。由设置在构件上部的出浆孔呈圆柱状的注浆体均匀流出后,方可用塑料塞或木塞封堵出浆口,保持压力 30s 后再封堵下部的灌浆孔。

一般来说等出浆孔有浆料均匀溢出时,证明柱体中已充分灌浆,可停止此根预制柱的灌浆作业。在整根预制柱灌浆完毕后全面检查是否有出浆口未出浆。如果遇到有出浆口无法正常出浆,应立即停止灌浆作业,检查无法出浆的原因,并排除障碍后方可继续作业。灌浆后 12h 内不得使构件和灌浆层受到振动和碰撞。灌浆作业完成后必须将工作面清洁干净,所有施工机具也需清洗干净。

3)钢筋浆锚连接

装配式混凝土结构预制构件之间除了采用钢筋套筒灌浆连接以外,有时也采用钢筋浆锚连接的方式。钢筋浆锚搭接连接,是钢筋在预留孔洞中完成搭接连接的方式。这项技术的关键,在于孔洞的成型技术、灌浆料的质量以及对被搭接钢筋形成约束的方法等多个因素。与钢套筒连接相比,钢筋浆锚连接同样安全可靠、施工方便、成本相对较低。但是在适用范围上要注意,预制构件主筋采用浆锚灌浆连接的方式,在设计上对抗震等级和高度上有一定的限制。在预制剪力墙体系中预制剪力墙的连接使用较多,预制框架体系中预制立柱的连接一般不宜采用。

连接钢筋采用浆锚搭接连接时,可在下层预制剪力墙中设置竖向连接钢筋,与上层预制剪力墙预留孔内的连接钢筋进行搭接,安装完成后在预留孔内灌浆,使上下两层钢筋可靠连接。连接钢筋可在预制剪力墙中通长设置,或在预制剪力墙中可靠锚固。直径大于20mm的钢筋不宜采用浆锚搭接连接,直接承受动力荷载构件的纵向钢筋不应采用浆锚搭接连接。

4.4.4 任务评价

钢筋套筒灌浆连接是预制构件之间常用的连接方式,通过任务的学习,使学生能够熟练掌握灌浆的施工流程及要点,强化规范施工意识,可通过评价表 4-12 对学生学习情况进行评价,本课程的学习评价主要采用个人学习任务描述、小组学习任务检查和教师评价相结合的方式,综合考虑学生的课堂表现、成果完成过程和学习成果情况等因素进行评分。

表 4-12 学习评价表

评价指标	个人任务完成情况描述	小组检查	教师评价	分值	得分
课前准备				10	
学习过程				10	
学习态度				20	
学习纪律				10	
成果完成				15	
课后拓展				10	
自评反馈				25	
	汇总得分				

任务小结

任务 4.5　灌浆施工质量检验

4.5.1　任务描述

目前,我国主要采用等同现浇的设计概念,高层建筑基本采用装配整体式混凝土结构,即预制构件之间通过可靠的连接方式,与现场后浇混凝土、水泥基灌浆料等形成整体的装配式混凝土结构,钢筋套筒连接是装配式结构的重要连接方式之一。采用套筒灌浆连接时,连接接头的质量及传力性能是影响装配式结构受力性能的关键,应严格控制。

4.5.2　任务分解

1. 如何进行灌浆料流动度检测?

_____

_____

_____

2. 钢筋套筒灌浆质量保证措施有哪些?

_____

_____

_____

3. 套筒灌浆接头性能的检测内容有哪些?

_____

_____

_____

4. 如何对套筒灌浆进行质量控制?

_____

_____

_____

_____

4.5.3　任务实施

1. 重难点

（1）钢筋套筒灌浆质量保证措施。

（2）套筒灌浆进行质量控制的措施。

2. 分组安排

具体任务分组安排如表 4-13 所示,教师可根据现场情况进行分组安排。

表 4-13　学习分组表

班级		组号		指导教师	
组长		学号			
组员	任务分工	任务准备情况		任务学习进度	

3. 任务学习内容

1）钢筋套筒灌浆质量保证措施

钢筋套筒灌浆连接是基于灌浆套筒内灌浆料有较高的抗压强度,同时自身还具有微膨胀特性,当它受到灌浆套筒的约束时,在灌浆料与灌浆套筒内侧筒壁间产生较大的正向应力,钢筋借此正向应力在其带肋的粗糙表面产生摩擦力借以传递钢筋轴向力。因此,套筒灌浆连接结构要求灌浆料有较高的抗压强度,钢筋套筒应具有较大的刚度和较好的抗变形能力。钢筋套筒灌浆连接接头的另一个关键技术在于灌浆料的质量,灌浆料应具有高强、早强、无收缩和微膨胀等基本特性,以使其能与套筒、被连接钢筋更有效地结合在一起共同工作,同时满足装配式结构快速化施工的要求。

钢筋套筒连接是装配式结构的重要连接方式之一。预制构件采用套筒灌浆连接时,连接接头应有有效的型式检验报告,灌浆料强度、性能应符合现行国家标准和设计要求,灌浆应密实、饱满。钢筋采用套筒灌浆时、连接接头的质量及传力性能是影响装配式结构受力性能的关键,应严格控制。套筒灌浆连接的验收及平行加工试件的制作应按照现行行业标准《钢筋套筒灌浆连接应用技术规程》(JGJ 355—2015)的有关规定执行。

灌浆施工前,主要检查灌浆套筒内腔和灌浆、出浆管路是否通畅,保证后续灌浆作业顺利。用气泵检测灌浆套筒内有无异物,管路是否通畅;确定各个进、出浆管孔与各个灌浆套筒的对应关系;了解构件连接面实际情况和构造,为制定施工方案做准备;确认构件另一端面伸出连接钢筋长度符合设计要求;对发现问题的构件提前进行修理,达到可用状态。

灌浆施工时,主要进行灌浆饱满程度、灌浆料的抗压强度、灌浆接头抗拉强度及施工过程检验。灌浆操作全过程应有专门人员旁站监督施工;灌浆料应由经培训合格的专业人员按配置要求计量灌浆材料和水的用量,经搅拌均匀后测定其流动度,满足设计要求后方可灌注;灌浆料应在制备后半小时内用完,灌浆作业应采取压浆法从下口灌注,当灌浆料从上口流出时应及时封堵,持压30s后再封堵下口。灌浆施工后,可根据实际需要采用射线法结合局部破损法进行套筒灌浆质量检测。

拌制专用灌浆料应先进行浆料流动性检测(图4-4),留置试块,然后才可进行灌浆。流动度测试指标见表4-13,检测不合格的灌浆料要重新制备。

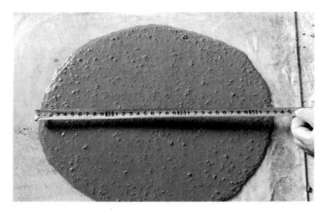

图 4-4　流动性检测

测流动度时,将玻璃板放在实验台上,调整水平,用湿布擦拭玻璃板及截锥圆模、模套,并用湿布盖好备用。按产品合格证提供的推荐用水量将灌浆料充分搅拌均匀,倒入准备好的截锥圆模内,至上边缘。再次用湿布擦拭玻璃板,垂直提起截锥圆模,使灌浆料自然流动到停止。然后测量其最大、最小两个方向的长度,其平均值即为灌浆料的流动度。一般要求其初始流动度不小于300mm。

钢筋套筒灌浆连接及浆锚搭接连接用的灌浆料强度应满足设计要求。检查数量:按批检验,每层为一检验批;每工作班应制作一组且每层不应少于3组,40mm×40mm×160mm的试件,标准养护28d后进行抗压强度试验。检验方法:检查灌浆料强度试验报告及评定记录,灌浆料性能要求如表4-14所示。

表 4-14　灌浆料性能要求

检 测 项 目		性 能 指 标
流动度	初始	300mm
	30min	＞260mm
抗压强度	1d	＞35MPa
	3d	＞60MPa
	27d	＞80MPa
竖向自由膨胀率	24h与3h差值	0.02％～0.5％
泌水率/％		0

2）套筒灌浆接头性能

预制剪力墙竖向钢筋采用套筒灌浆连接时，可根据构件类型、钢筋数量、直径大小合理确定采用套筒灌浆连接技术的钢筋数量。如预制剪力墙构件竖向分布钢筋直径小且数量多，全部连接会导致施工烦琐且造价高，连接接头数量太多对剪力墙的抗震性能也有不利影响，因此，预制剪力墙的竖向分布钢筋宜采用双排连接，而边缘构件的竖向钢筋则应逐根连接。套筒灌浆接头作为一种钢筋机械接头，应满足强度和变形性能要求。

（1）套筒灌浆连接接头强度要求

钢筋套筒灌浆连接接头的屈服强度不应小于连接钢筋屈服强度标准值；抗拉强度不小于连接钢筋抗拉强度标准值，且破坏时要求断于接头外钢筋，即该接头不允许在拉伸时破坏在接头处。套筒灌浆连接接头在经受规定的高应力和大变形反复拉压循环后，抗拉强度仍应符合规范要求。

套筒灌浆连接接头单向拉伸、高应力反复拉压、大变形反复拉压试验加载过程中，当接头拉力达到连接钢筋抗拉荷载标准值的 1.15 倍而未发生破坏时，应判为抗拉强度合格，可停止试验。

（2）套筒灌浆连接接头变形性能要求

套筒灌浆连接接头的变形性能应符合规范要求。在进行对中单向拉伸、高应力反复拉压、大变形反复拉压，其残余变形符合试验要求，当频遇荷载组合下，构件中钢筋应力高于钢筋屈服强度标准值的 0.6 倍时，设计单位可对单向拉伸残余变形的加载峰值提出调整要求。

钢筋套筒灌浆连接是装配式结构的重要连接方式之一，连接接头的质量及传力性能是影响装配式结构受力性能的关键，要严格控制，套筒灌浆连接的验收和平行加工试件的制作要严格按现行行业标准《钢筋套筒灌浆连接应用技术规程》（JGJ 355—2015）的有关规定执行。除了套筒灌浆连接性能与连接接头的质量有关以外，灌浆饱满程度、灌浆料的抗压强度以及灌浆施工过程都会对钢筋灌浆连接有影响，在灌浆施工后可根据实际需要采用 X 射线法结合局部破损法进行套筒灌浆质量检测，保证连接接头质量。

3）套筒灌浆的质量验收与控制

（1）套筒灌浆料型式检验报告

检验报告应符合《钢筋连接用套筒灌浆料》（JG/T 408—2019）的要求，同时应符合预制构件内灌浆套筒的接头型式检验报告中灌浆料的强度要求。在灌浆施工前，应提前将灌浆料送指定检测机构进行复验。

（2）灌浆套筒进场检验

灌浆套筒进场时，应抽取套筒采用与之匹配的灌浆料制作对中连接接头，并进行抗拉强度检验，检验结果应符合《钢筋机械连接技术规程》（JGJ 107—2019）中Ⅰ级接头对抗拉强度的要求。

① 检查数量：抽检应按验收批进行，同一钢筋生产厂、同一强度等级、同一规格、同一类型和同一形式接头应以 500 个为一个验收批进行检验，不足 500 个也应作为一个验收批。每批随机抽取 3 个灌浆套筒制作接头，并应制作不少于 1 组 40mm×40mm×160mm灌浆料强度试件。

② 检验方法：检查质量证明文件和抽样检验报告。其中质量证明文件包括灌浆套筒、灌浆料的产品合格证、产品说明书、出厂检验报告(含材料力学性能报告)。试件制作同型式检验试件，灌浆料应采用有效型式检验报告匹配的灌浆料。考虑到套筒灌浆连接接头无法在施工过程中截取抽检，故增加了灌浆套筒进场时的抽检要求，以防止不合格灌浆套筒在工程中的应用。

灌浆套筒进场时，还应抽取试件检验外观质量和尺寸偏差，检验方法主要是观察法，同一原材料、同一炉(批)号、同一类型、同一规格的灌浆套筒，检验批量不应大于 1000 个，每批随机抽取 10%。检验结果应符合现行建筑工业行业标准《钢筋连接用灌浆套筒》(JG/T 398—2019)的有关规定。

(3) 灌浆料进场检验

此项检验主要对灌浆料拌合物(按比例加水制成的浆料)30min 流动度、泌水率、1d 抗压强度、3d 抗压强度、28d 抗压强度、3h 竖向膨胀率、24h 与 3h 竖向膨胀率差值进行检验。检验结果应符合《钢筋连接用套筒灌浆料》(JG/T 408—2019)的有关规定。

(4) 套筒灌浆施工质量检验

① 抗压强度试验。

施工现场灌浆施工中，需要检验灌浆料的 28d 抗压强度，其应符合设计要求和《钢筋连接用套筒灌浆料》(JG/T 408—2019)的有关规定。用于检验抗压强度的灌浆料试件应在施工现场制作、实验室条件下标准养护。每工作班取样不得少于 1 次，每楼层取样不得少于三次。每次抽取 1 组试件，每组 3 个试块，试块规格为 40mm×40mm×160mm，标准养护 28d 后进行抗压强度试验。

② 灌浆料充盈度检验。

灌浆料凝固后，对灌浆接头 100% 进行外观检查。检查项目包括灌浆、排浆孔口内灌浆料充满状态。取下灌浆、排浆孔封堵胶塞，检查孔内凝固的灌浆料上表面，其应高于排浆孔下缘 5mm 以上。

③ 灌浆接头抗拉强度检验。

如果在构件厂检验灌浆套筒抗拉强度时，采用的灌浆料与现场所用一样，试件制作也是模拟施工条件，那么，该项试验就不需要再做；否则就要重做，检查数量为同一批号、同一类型、同一规格的灌浆套筒、检验批量不应大于 1000 个，每批随机抽取 3 个灌浆套筒制作对中接头。通过有资质的实验室进行拉伸试验，检验结果应符合《钢筋连接技术规程》(JGJ 107—2019)中对级接头抗拉强度的要求。

④ 施工过程检验。

采用套筒灌浆连接时，应检查套筒中连接钢筋的位置和长度是否满足设计要求，套筒和灌浆材料应采用经同一厂家认证的配套产品，套筒灌浆前应制定套筒灌浆操作的专项质量保证措施，被连接钢筋偏离套筒中心线不超过 5mm，灌浆操作全过程应有专门人员旁站监督施工。灌浆料应由经培训合格的专业人员按配置要求计量灌浆材料和水的用量，经搅拌均匀后测定其流动度，满足设计要求后方可灌注。浆料应在制备后半小时内用完，灌浆作业应采取压浆法从下口灌注，当浆料从上口流出时应及时封堵，持压 30s 后再封堵下口。冬期施工时环境温度应在 5℃ 以上，并应对连接处采取加热保温措施。保证浆料在 48h 凝结硬化过程中连接部位温度不低于10℃。

4.5.4 任务评价

通过对所学习的知识和技能进行评价,引导学生养成严谨的工作态度,强化工程质量意识,可通过评价表4-15对学生学习情况进行评价,本课程的学习评价主要采用个人学习任务描述、小组学习任务检查和教师评价相结合的方式,综合考虑了学生的课堂表现、成果完成过程和学习成果情况等因素进行评分。

表 4-15 学习评价表

评价指标	个人任务完成情况描述	小组检查	教师评价	分值	得分
课前准备				10	
学习过程				10	
学习态度				20	
学习纪律				10	
成果完成				15	
课后拓展				10	
自评反馈				25	
汇总得分					

任务小结

项目小结

　　本项目主要介绍各预制构件的后浇混凝土连接和套筒灌浆连接工艺和要点,通过学习任务的深入开展,使学生了解预制构件连接的原理,熟悉预制构件连接的工艺和施工要点,具备初步施工质量管理的能力,能进行构件质量检验,会进行装配式混凝土结构专项施工方案的编制。

知识链接

微课:竖向构件
灌浆施工

微课:竖向构件
现浇连接

微课:水平构件
现浇连接

项目 5 装配式建筑防水施工

知识目标

1. 掌握常用的防水材料及分类、性能和使用范围。
2. 掌握装配式建筑地下基础及外墙拼缝防水施工要点。
3. 掌握装配式建筑防水施工质量验收方法。
4. 能根据建筑类别和防水项目正确选用防水材料。
5. 能根据实际情况合理选择施工方法。
6. 能按照规范要求施工。
7. 具备装配式防水施工质量检验的能力。
8. 树立"绿色、环保、节能"意识。
9. 培养绿色施工的工匠精神。
10. 养成安全文明施工的习惯。
11. 具备"爱岗敬业,诚实守信"的职业道德。

项目背景材料

建筑房屋漏水渗水一直是困扰建筑业多年的一个质量通病,并且尚未得到较好的解决。装配式建筑由许多构件拼装而成,各构件之间因存在安装间隙,使得其防水施工显得尤为重要,防水质量是工程质量控制的关键要素。依据设计要求及装配式建筑采用材料防水、构造防水等多道设防的原则,处理好外墙、外窗等部位的材料防水和构造防水,是装配式建筑防水施工的重点。

任务 5.1 认识防水材料

5.1.1 任务描述

某校新校区采用装配式建筑施工,教学楼、宿舍存在不同程度的漏水情况,食堂、实训楼存在严重漏水情况,不能交付。为此,该校在 2021 年返修 40 间,2022 年返修 50 间。该校新校区出现漏水的原因是什么? 应该选择什么防水材料来治理?

5.1.2 任务分解

1. 防水材料按其材料性能和外观形态分为几类？分别是什么？

_____

_____

_____

2. 简述高聚物改性沥青防水卷材的概念、分类、特点、适用范围。

_____

_____

_____

3. 简述防水涂料的分类、特点、适用范围。

_____

_____

_____

4. 简述常见的密封材料和止水材料的性能与用途。

_____

_____

_____

_____

_____

5.1.3 任务实施

1. 重难点

（1）常用防水材料及其性能。

（2）防水材料的使用范围。

2. 分组安排

具体任务分组安排如表 5-1 所示，教师可根据现场情况进行分组安排。

表 5-1 学习分组表

班级		组号		指导教师	
组长		学号			

续表

组员	任务分工	任务准备情况	任务学习进度

3. 任务学习内容

建筑防水材料按其材料性能和外观形态分五大类：防水卷材、防水涂料、刚性防水材料、密封材料和止水材料(图 5-1～图 5-5)。

图 5-1　防水卷材

图 5-2　防水涂料

图 5-3　刚性防水材料

图 5-4　密封材料

图 5-5　止水材料

1）防水卷材

防水卷材是指可卷曲成卷状的柔性防水卷材。常用的防水卷材分为沥青防水卷材、高聚物改性沥青防水卷材和合成高分子防水卷材，如图 5-6 所示。传统的沥青防水卷材因存在拉伸强度低、延伸率小、耐老化性差、使用寿命短等缺点，已不用于建筑物的防水层中。

图 5-6　防水卷材分类

（1）高聚物改性沥青防水卷材

① 制作：在沥青中掺混聚合物后，可改变沥青的胶体分散结构和成分，人为增加聚合物分子链的移动性、弹性和塑性。在石油沥青中常用改性材料有天然橡胶、氯丁胶、丁苯橡胶、丁基橡胶、乙丙橡胶、再生胶、SBS、APP、APO、APAO、IPP 等高分子聚合物。

② 性能：高聚物改性沥青防水卷材具有良好使用功能，即高温不流淌、低温不脆裂，刚性、机械强度、低温延伸性有所提高，增大负温下柔韧性，延长使用寿命，从而使改性沥青防水卷材能够满足工程防水应用的功能。

③ 应用：高聚物改性沥青防水卷材是新型防水材料中使用比例最高的一类。目前，弹性体改性沥青防水卷材（SBS）、塑性体改性沥青防水卷材（APP）使用最为广泛。

弹性体改性沥青防水卷材是用聚酯或玻纤毡为胎基，以 SBS 弹性体作改性剂，两面覆以隔离材料制成的卷材，简称 SBS 卷材。SBS 卷材属高性能防水材料，具有良好的耐气候性、耐穿刺、硌伤和疲劳，出现裂缝自行愈合，综合性能好，是大力推广使用的防水卷材品种，广泛应用于各种领域和类型防水工程。

塑性体改性沥青防水卷材是用聚酯毡或玻纤为胎基，无规聚丙烯或聚烯烃类聚合物作改性剂，两面覆以隔离材料所制成的防水卷材，简称 APP 卷材。它同样具有良好的防水性能，耐高温性能和较好的柔韧性，耐撕裂、耐穿刺、耐紫外线照射，抗老化期在 20 年以上。与 SBS 卷材一样，应用广泛，尤其适宜强阳光照射的炎热地区。

（2）合成高分子防水卷材

① 以合成橡胶、合成树脂或两者的共混体系为基料，加入适量的化学助剂和填充料等，经过橡胶或塑料加工工艺，如经塑炼、混炼或挤出成型、硫化、定型等工序加工，制成无胎加筋或不加筋的弹性或塑性卷材（片材），统称为合成高分子防水卷材。

② 性能：合成高分子防水卷材属于高效能、高档次防水卷材，具有拉伸强度高，断裂伸长率大，耐热性能好，低温柔性好，使用寿命长，低污染，综合性能好的特点。

③ 主要品种：三元乙丙橡胶、聚氯乙烯、氯化聚乙烯、橡塑共混以及聚乙烯丙纶、土工膜类等。

④ 应用：适用于各种屋面防水，但不适用于屋面有复杂设施、平面标高多变和小面积防水工程，并且造价相对较高。

2）防水涂料

防水涂料是一种流态或半流态物质，涂布在基层表面，经溶剂或水分挥发或各组分间的化学反应，形成有一定弹性和一定厚度的连续薄膜，使基层表面与水隔绝，起到防水、防潮作用。

防水涂料固化成膜后的防水涂膜具有良好的防水性能，特别适合于各种复杂、不规则部位的防水，能形成无接缝的完整防水膜。

防水涂料按液态分为溶剂型、水乳型和反应型三种；按成膜物质的主要成分分为沥青类、高聚物改性沥青类和合成高分子类。按涂膜厚度可划分为薄质涂料施工（涂膜总厚度在 3mm 以下）和厚质涂料施工（涂膜总厚度在 4～8mm）。

（1）沥青基防水涂料

沥青基防水涂料是以石油沥青为基料（图 5-7），掺加无机填料和助剂而制成的低档防水涂料,包括溶剂型和水乳型两种。沥青基防水涂料价格便宜,但涂膜较脆,耐老化性能亦差,其颜色只能是黑色的,不适合现代建筑的要求,单独使用时涂层厚度应不小于 8mm,否则难以达到防水要求。

图 5-7　石油沥青防水涂料

（2）高聚物改性沥青防水涂料

高聚物改性沥青防水涂料通常是用再生橡胶、合成橡胶、SBS 或树脂对沥青进行改性而制成的溶剂型或水乳型涂膜防水材料,其分类如图 5-8 所示,高聚物改性沥青防水涂料具有高温不流淌、低温不脆裂、耐老化、增加延伸率和黏结力等性能,能够显著提高涂料的物理性能,扩大应用范围。

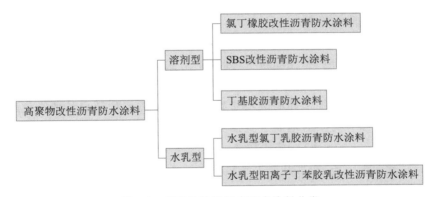

图 5-8　高聚物改性沥青防水涂料分类

（3）合成高分子防水涂料

① 聚氨酯防水涂料（图 5-9）。

目前,双组分聚氨酯防水涂料应用比较普遍,单组分通过引进国外技术,现已批量生产,投入市场。聚氨酯防水涂料适用于屋面、地下室、厨房、厕浴间、铁路、桥梁、公路、隧道、涵洞、蓄水池、游泳池、屋顶花园、屋顶养鱼池等。

② 硅橡胶防水涂料（图 5-10）。

硅橡胶防水涂料是以硅橡胶乳液及其他乳液的复合物为主要基料,掺入无机填料（如碳酸钙、滑石粉等）及各种助剂（如酯类增塑剂、消泡剂等）配制而成的乳液型防水涂料。该防水涂料变形适应能力强,能渗入基层与基底黏结牢固;施工方便,可以涂刷或喷涂;成膜速度快,可在潮湿基层上施工;产品无毒、无味、阻燃、应用安全可靠;可以配成各种色泽鲜艳的涂料,美化环境,修补方便,可直接涂刷。

图 5-9　聚氨酯防水涂料　　　　　　图 5-10　硅橡胶防水涂料

③ 聚合物乳液建筑防水涂料。

聚合物乳液建筑防水涂料典型代表是丙烯酸弹性防水涂料,是一种水乳型、不含有机溶剂、无毒、无味、无污染的单组分建筑防水涂料,可直接施工涂覆,防水涂膜具有高弹性、坚韧、无接缝、耐老化、耐候性优异,并可根据需要加入颜料配制成彩色涂层,美化环境。该防水涂料能在潮湿、多种材质的基面上直接施工;涂层弹性高,伸长率较大,耐水性、耐久性优异;可加颜料制成彩色罩面层;无毒、无味、无污染、施工简便、工期短;在立面、斜面和顶面施工不流淌;具有反射光线能力和耐候性,可做外露面层防水。

④ 聚合物水泥基防水涂料。

聚合物水泥基防水涂料也称 JS 复合防水涂料,由有机液体料(如聚丙烯酸酯、聚醋酸乙烯乳液及各种添加剂组成)和无机粉料(如高铝高铁水泥、石英粉及各种添加剂组成)复合而成的双组分防水涂料,是一种具有有机材料弹性高和无机材料耐久性好等优点的新型防水材料,涂覆后可形成高强坚韧的防水涂膜,并可根据需要配制成各种彩色涂层。该防水涂料可在潮湿的、多种材质的基面上直接施工;涂层坚韧高强,耐水性、耐久性优异;掺加颜料,可形成彩色涂层;无污染、施工简便、工期短,可用于饮水工程;在立面、斜面和顶面上施工不流淌,表面不沾污,能与基面牢固黏结。

3) 密封材料

密封材料主要应用于各类建筑物、构筑物、隧道、地下工程及水利工程的接缝和缝隙止水防渗。

(1) 分类

① 按外形:密封材料分为定型(密封条、密封胶带)和不定型(密封膏或密封胶)两类,如图 5-11 所示。

② 按材质:一般将密封材料分为合成高分子密封材料和改性沥青密封材料两大类。

(2) 密封材料的性能与用途

常用的密封材料主要是合成高分子密封材料和改性沥青密封材料,其性能与用途如表 5-2 所示。

　　　　密封条　　　　　　　　　　密封胶　　　　　　　　　密封膏

图 5-11　密封材料

表 5-2　常用密封材料的性能与用途

类别	名　　称	特　　点	档次	用　　途
合成高分子密封材料	有机硅酮密封胶	具有对硅酸盐制品、金属、塑料良好的黏结性，耐水、耐热、耐低温、耐老化	高档	适用于窗玻璃、幕镜、大型玻璃幕墙、储、卫生陶瓷等接缝密封
	聚硫密封胶	对混凝土、金属、玻璃、木材具有良好的黏结性。具有耐水、耐油、耐老化、化学稳定等性能	高档	适用于中空玻璃、混凝土、金属结构的接缝密封，也适用于有耐油、耐试剂要求的车间，一般建筑的活动量大的部位接缝密封
	聚氨酯密封胶	对混凝土、金属、玻璃有良好的黏结性，并具有弹性、延伸性、耐疲劳性、耐候性等性能	中高档	用于中高档要求的建筑接缝密封处理
	丙烯酸酯密封膏	具有良好的黏结性、耐候性、一定的弹性，可在潮湿的基层上施工	中档	适用于室内墙面、地板、卫生间的接缝，室外小位移量的建筑缝密封
	氯丁橡胶密封膏	具有良好的黏结性、延伸性、耐候性、弹性	中档	适用于室内墙面、地板、卫生间的接缝，室外小位移量的建筑缝密封
改性沥青密封材料	改性沥青油膏	具有良好的塑结性、柔韧性、耐温性，可冷施工	中档	一般要求的屋面接缝密封防水，防水层收头处理

　　4）止水材料

　　止水材料主要用于地下建筑物或构筑物的变形缝、施工缝等部位的防水。目前常用的有止水带和遇水膨胀橡胶止水条等。一般以止水带为主，止水条为辅。

　　（1）止水带

　　止水带是在其所处两侧混凝土产生变形时，以材料弹性和结构形式来适应混凝土的变形，随着变形缝的变化而拉伸挤压以达到止水作用。常用止水带的特征与应用如表 5-3 所示。止水带按材料类别可分为橡胶止水带、塑料止水带、复合橡胶止水带、遇水膨胀止水带、钢板腻子止水带、金属板止水带等多种，如图 5-12 所示。

橡胶止水带

塑料止水带

复合橡胶止水带

遇水膨胀止水带

钢板腻子止水带

金属板止水带

图 5-12 常用止水带

表 5-3 常用止水带的特征与应用

品种及外形	特　　性	应　　用
橡胶止水带	橡胶止水带是以天然橡胶与各种合成橡胶为主要原料,掺加各种助剂及填充料,经塑炼、混炼、压制成型。具有良好的弹性、耐磨性、耐老化性和抗撕裂性能,适应变形能力强、防水性能好	主要用于温度为－45～＋60℃的工程项目。当温度超过70℃以及受强烈的氧化作用或受油类等有机溶剂侵蚀时,均不得使用橡胶止水带
塑料止水带	塑料止水带是由聚氯乙烯、增塑剂、稳定剂等原料,经塑炼、成粒、挤出、加工成型而成,耐老化、抗腐蚀、扯断强度高、耐久性好、物理力学性能满足使用要求	与橡胶止水带适用范围相同
复合橡胶止水带	复合橡胶止水带可由三元乙丙胶板和止水板复合而成,也有由可伸缩的天然橡胶和两边配有镀锌钢边所组成的复合件。综合了各单体材料的优势。断面大多采用非等厚结构,分强力区、防水区和安装区,使受力更合理	多用于大型工程的接缝,如地下工程的变形缝、结构接缝和管道接头部位的防水密封

续表

品种及外形	特　性	应　用
遇水膨胀止水带	遇水膨胀止水带除具有普通橡胶止水带的性能外,其主要特点是内防水线采用了具有遇水膨胀工程的特殊橡胶制成。这样在膨胀橡胶遇水膨胀后增强了止水带和构筑物的紧密度,使防水、止水效果更好	广泛应用于各种类型的混凝土结构中,例如:挡水坝、蓄水池、地铁、涵洞、隧道等地下工程中留有变形缝、施工缝止水
钢板腻子止水带	由综合性能优良的高分子材料与镀锌板复合而成。橡塑腻子主体材料为耐老化性能优良的橡塑材料,具有特强的自黏性,夏季高温不流淌,冬季低温不发脆;使用寿命长,为了承受一定的弯曲和压力,中间夹有 0.4 或 0.6mm 厚的钢板。该产品对建筑缝之间提供可靠的防水、防渗功能	主要用于隧道、地铁、堤坝、涵洞、水利水电工程中施工缝、高层建筑地下室、地下停车场等主要工程施工缝
金属板止水带	金属板止水带又称止水钢板,是工程中常用的防水材料,包括钢板、铜板、合金钢板等,采用金属板止水带,可改变水的渗透路径,延长水的渗透路线	主要用于钢筋混凝土结构水坝及其他大型工程,也常用于抗渗要求较高且面积较小的工程,如冶炼厂的浇铸坑、电炉基坑等

（2）止水条

止水条是由高分子无机吸水膨胀材料和橡胶混炼而成的,是各种地下建筑构筑混凝土工程施工缝的止水堵漏材料,如图 5-13 所示。止水条的作用是在水达到止水条位置时,遇水后膨胀,把缝隙封死,以达到止水效果,也称以水止水,常用止水条的特征与应用如表 5-4所示。

橡胶型遇水膨胀止水条　　　腻子型遇水膨胀止水条　　　加丝网遇水膨胀止水条

图 5-13　常用止水条

表 5-4　常用止水条的特征与应用

品种及外形	特　性	应　用
橡胶型遇水膨胀止水条	经过硫化成型,具有优良的回弹性、延伸性,又有弹性密封止水作用。可以遇水膨胀,在水中膨胀率能在 100%～500% 之间调节,膨胀体积保持橡胶的弹性和延伸性,不受水质影响	适用于混凝土施工缝、后浇缝及穿墙管、板缝、墙缝的止水抗渗和混凝土裂缝漏水的治理。广泛应用于地下室、地下车库、贮水池、沉淀池、地铁、公路、铁路隧道等各种地下建筑工程

续表

品种及外形	特　性	应　用
腻子型遇水膨胀止水条	腻子型遇水膨胀止水条是以多种材料经密炼、混炼、挤制而成的具有遇水膨胀特性的条状止水材料。膨胀倍率高，移动补充性强，置于施工缝后具有较强的平衡自愈功能，可自行封堵因沉降而出现的新的微小裂隙。费用低且施工工艺简便，耐腐性能最佳	广泛应用于人防、游泳池、污水处理工程、地下铁路、隧道、涵洞等以及其他混凝土工程的施工缝、伸缩缝、裂缝。对于已完工的工程，如缝隙渗透漏水，可用该止水条重新堵漏
加丝网遇水膨胀止水条	止水条内加入一层丝网，提高了止水条的整体抗拉伸强度，克服了普通止水条抗拉伸强度不高之缺点	适用范围及条件比普通遇水膨胀止水条更广

5.1.4　任务评价

通过现实生活中真实的装配式渗漏水案例，使学生明白防水材料选择的重要性，引导学生在选择防水材料时树立"绿色环保意识"，选择大厂家生产的绿色、环保、节能材料，杜绝假冒伪劣产品；树立"质量意识"，培养绿色施工的工匠精神；另外在卷材使用过程中要节能不浪费，养成节约资源的习惯。通过对所学习的知识和技能进行评价，有利于培养学生严谨、认真、负责的学习品质和个性特征，同时也可以促使学生进行自我反思，学会对事、对人做出客观、科学的价值判断，并学会自我评价。可通过评价表 5-5 对学生学习情况进行评价，本课程的学习评价主要采用个人学习任务描述、小组学习任务检查和教师评价相结合的方式，综合考虑学生的课堂表现、成果完成过程和学习成果情况等因素进行评分。

表 5-5　学习评价表

评价指标	个人任务完成情况描述	小组检查	教师评价	分值	得分
课前准备				10	
学习过程				10	
学习态度				20	
学习纪律				10	
成果完成				15	
课后拓展				10	
自评反馈				25	
	汇总得分				

任务小结

任务 5.2　地下基础防水施工

5.2.1　任务描述

　　装配式工程在地上部分采用装配式等构件进行安装,地下结构部分多数采用钢筋混凝土结构基础,所以在基础防水施工中的具体操作方法可参考钢筋混凝土结构基础防水的方法。地下工程防水方案一般分为三种:一是采用防水混凝土结构,通过调整配合比或掺入外加剂等方法,提高混凝土本身的密实度和抗渗性,使其成为具有一定防水能力的整体式混凝土或钢筋混凝土结构。二是在地下结构表面另加防水层。如抹水泥砂浆防水层或贴涂料防水层等。三是采取防水加排水措施。通常可用盲沟排水、渗排水与内排法排水等方法把地下水排走,以达到防水的目的。

5.2.2　任务分解

　　1. 刚性防水的类别有哪些?

_____

_____

_____

　　2. 混凝土结构自防水施工要点有哪些?

_____

_____

_____

　　3. 水泥砂浆防水施工要点有哪些?

_____

_____

_____

_____

　　4. 施工缝和后浇带等细部构造如何进行防水?

_____

_____

_____

5.2.3 任务实施

1. 重难点

（1）地下工程刚性防水施工要点。

（2）地下工程防水施工质量检验。

2. 分组安排

具体任务分组安排如表 5-6 所示，教师可根据现场情况进行分组安排。

表 5-6 学习分组表

班级		组号		指导教师	
组长		学号			
组员	任务分工	任务准备情况		任务学习进度	

3. 任务学习内容

地下工程刚性防水分为混凝土结构自防水和水泥砂浆防水层防水两大类。混凝土结构自防水是以调整配合比、掺加外加剂和掺合料配制的防水混凝土来实现防水功能的一种防水做法。地下工程的钢筋混凝土结构应首先采用防水混凝土，并根据防水等级的要求采用其他防水措施。常见的混凝土结构自防水材料有普通防水混凝土、掺外加剂防水混凝土和膨胀水泥防水混凝土三大类别，可根据不同工程要求选择使用。

防水砂浆是通过严格的操作技术或掺入适量的防水剂、高分子聚合物等材料，以提高砂浆的密实性，达到抗渗防水目的的一种刚性防水材料。在地下防水工程中往往在防水混凝土结构的内外表面抹上一层防水砂浆，来弥补在大面积浇筑防水混凝土的过程中留下的一些缺陷，提高地下结构的防水抗渗能力。常用的防水砂浆有普通水泥砂浆、聚合物防水砂浆、掺加外加剂或掺合料水泥砂浆等。

1）防水混凝土材料

（1）水泥

用于防水混凝土中的水泥宜选用普通硅酸盐水泥，采用其他品种水泥时应经试验确定；受侵蚀性介质作用时，应按介质的性质选用相应的水泥品种；不得使用过期或受潮结块的水泥，也不得将不同品种或强度等级的水泥混用。

（2）矿物掺合料

粉煤灰的品质应符合现行国家标准《用于水泥和混凝土中的粉煤灰》(GB 1569—2005)的有关规定，其级别不应低于Ⅱ级，用量宜为胶凝材料总量的 20%～30%；硅粉的比表面积要大于 15000m²/kg，二氧化硅含量不小于 85%，用量宜为胶凝材料总量的 2%～5%。

（3）砂石

宜选用坚固耐久、粒形良好的洁净石子；最大粒径不宜大于 40mm，泵送时其最大粒径不应大于输送管径的 1/4；不得使用碱活性骨料；石子的质量要求应符合国家现行标准《普通混凝土用碎石或石质量标准及检验方法》(JGJ 53—92)的有关规定。砂宜选用坚硬、抗风化性强、洁净的中粗砂，不宜使用海砂。

（4）外加剂

防水混凝土可根据工程需要掺入减水剂、膨胀剂、防水剂、密实剂、引气剂、复合型外加剂及水泥基渗透结晶型材料，其品种和用量应经试验确定，所用外加剂技术性能应符合国家现行有关标准的质量要求。也可根据抗裂需要掺入合成纤维或钢纤维，纤维的品种及掺量应通过试验确定。

（5）配合比规定

胶凝材料应根据混凝土的抗渗等级和强度等级等选用，总用量不宜小于 320kg/m³；水泥用量不宜小于 260kg/m³；砂率宜为 35%～40%，泵送时可增至 45%；灰砂比宜为 1：1.5～1：2.5；水胶比不得大于 0.50，有侵蚀性介质时水胶比不宜大于 0.45。预拌混凝土的初凝时间宜为 6～8h。配料允许偏差应符合表 5-7 的规定。

表 5-7　防水混凝土配料允许偏差

混凝土组成材料	每盘计量/%	累计计量/%
水泥、掺合料	±2	±1
粗、细骨料	±3	±2
水、外加剂	±2	±1

2）UEA 混凝土结构自防水施工

UEA 混凝土是指掺有 U 型膨胀剂的混凝土。混凝土内掺入适量的 U 型膨胀剂后，改善了混凝土内部组织结构、增加了其密实性及抗裂性，从而提高防水抗渗性能。

（1）材料要求

UEA 混凝土所用材料要求如表 5-8 所示。

表 5-8　UEA 混凝土所用材料要求

序号	材料名称	要　求
1	水泥	因掺膨胀剂，要求用不小于 32.5 级的普通硅酸盐水泥或矿渣水泥。火山灰水泥和粉煤灰水泥要经试验确定后方可使用
2	砂、石	砂宜用中砂，含泥量不大于 3%，泥块含量不大于 1%。石子粒径宜为 5～40mm，泵送混凝土时，最大粒径应为输送管道直径 1/4；含泥量不大于 1%，泥块含量不大于 0.5%；石子吸水率不大于 1.5%

序号	材料名称	要　　求
3	水	应采用不含有害杂质、pH 值为 4～9 的洁净水,一般饮用水或天然洁净水均可采用
4	U 型膨胀剂	掺量分别为:高配筋混凝土 11%～14%;低配筋混凝土 11%～13%;填充性混凝土 12%～15%

（2）配合比

UEA 混凝土参考配合比如表 5-9 所示。

表 5-9　UEA 混凝土参考配合比

混凝土强度等级	水泥强度等级	材料用量/(kg/m³)					坍落度/cm	配　合　比 (水泥+UEA):砂:石:水
		水泥	UEA	砂	石	水		
C20	32.5 级	317	43	702	1145	180	6～8	1:1.95:3.18:0.5
C25		349	48	716	1167	180		1:1.80:2.94:0.45
C25	42.5 级	304	42	735	1200	170	6～8	1:2.12:3.47:0.49
C30		358	49	655	1165	187		1:1.61:2.94:0.46
C35		378	52	669	1091	208		1:1.56:2.54:0.48
C30	52.5 级	317	43	693	1237	167	6～8	1:1.93:3.44:0.46
C35		352	42	660	1239	171		1:1.676:3.145:0.43
C25	42.5 级	348	48	700	1141	181	12～16 (泵送用)	1:1.77:2.88:0.46
C30		368	50	655	1155	187		1:1.57:2.76:0.45

（3）工具准备

混凝土结构自防水施工需要准备的机具和工具如表 5-10 所示。

表 5-10　混凝土结构自防水施工主要机具和工具

类　型	名　　称	说　明
泵送设备	搅拌运输车、车泵、拖式泵及布料机	采用预制混凝土泵送时用
拌合机具	混凝土搅拌机、砂浆搅拌机、磅秤、台秤等	数量根据工程实际确定
运输机具	手推车、卷扬机、井架或塔式起重机等	
混凝土浇捣工具	平锹、木刮板、平板振动器、高频插入式振动器、滚筒、木抹子、铁抹子或抹光机、水准仪(抄水平用等)	
钢筋加工机具	钢筋剪切机、弯曲机、钢丝钳等	

（1）支模板

防水混凝土所用模板，除满足一般要求外，更应特别注意平整，拼缝严密，支撑牢固。一般不宜用螺栓式钢丝贯穿混凝土墙来固定模板，以防水沿缝隙渗入，宜采用滑模施工。当必须采用对拉螺栓固定模板时，应在预埋套管或螺栓上加焊止水环，止水环直径及环数应符合设计规定。若设计无规定，止水环直径一般为8～10cm，且至少一环，常用做法有以下四种。

做法1：螺栓加焊止水环做法，如图5-14所示。在对拉螺栓中部加焊止水环，止水环与螺栓满焊严密，拆模后沿混凝土结构边缘，将螺栓割断。螺栓在墙内部分将永久留在混凝土墙内。

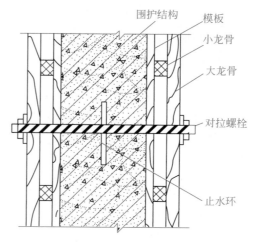

图5-14 螺栓加焊止水环做法

做法2：预埋套管加止水环做法，如图5-15所示。此法可用于抗渗要求一般的结构。套管采用钢管，其长度等于墙厚（或其长度加上两端垫木的厚度之和等于墙厚），兼撑头作用。止水环在套管上满焊严密。支模时在预埋套管中穿入对拉螺栓拉紧固定模板，拆模后将螺栓抽出，套管内以膨胀水泥砂浆封堵密实。拆模时连同垫木一并拆除，除密实封堵套管外，还应将两端垫木留下的凹坑用同样方法封实。

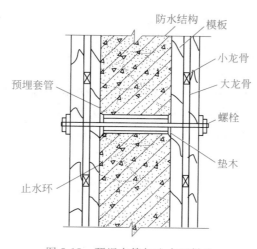

图5-15 预埋套管加止水环做法

做法 3：采用止水环撑头，如图 5-16 所示。此法用于抗渗要求高的结构止水环与螺栓满焊严密，拆模后除去垫木，沿止水环平面将螺栓割掉，凹坑用膨胀水泥砂浆封堵密实。

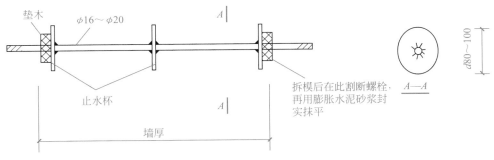

图 5-16　采用止水环撑头

做法 4：螺栓加堵头做法，如图 5-17 所示。在结构两边螺栓周围做凹槽，拆模后将螺栓沿平凹底割去，用膨胀水泥砂浆封堵凹槽。

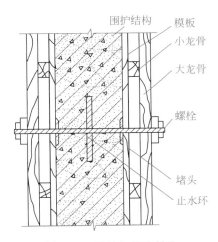

图 5-17　螺栓加堵头做法

（2）钢筋

钢筋应绑扎牢固，以防浇捣时因碰撞、振动使绑扣松散，钢筋移位，造成露筋。绑扎钢筋时，应按设计要求留足保护层。迎水面的混凝土保护层厚度不应小于 35mm，当直接处于侵蚀性介质中时，不应小于 50mm。留设保护层的方法是以相同配合比的细石混凝土或水泥砂浆制成垫块将钢筋垫起，结构内设置的各种钢筋及绑扎铁丝均不得接触模板。

（3）混凝土配制搅拌

严格按选定的施工配合比准确计算并称量各种用料。水泥、水、外加剂、掺合料计量允许偏差不应超过 ±1%，砂、石计量允许偏差不应超过 ±2%。防水混凝土应采用机械搅拌，搅拌时间一般不少于 2min，掺入引气型外加剂时，搅拌时间应为 2～3min。

（4）混凝土运输

混凝土在运输过程中要防止产生离析和坍落度损失，当出现离析时，必须进行二次搅拌,拌好的混凝土要及时浇筑,常温下应在半小时内运至现场。

（5）混凝土浇筑和振捣

浇筑时应严格分层连续进行,每层厚度不宜超过 300～400mm,上下层浇筑时间间隙不应超过 2h,浇筑混凝土的自落高度不得超过 1.5m,否则应使用串筒、溜槽管等工具进行浇筑。

防水混凝土应采用机械振捣,不应采用人工振捣,振捣时间宜 10～30s,以混凝土开始泛浆和不冒气泡为准,并避免漏振、欠振和超振,掺有引气剂或引气型减水剂时,应采用高频插入式振动器振捣。

（6）混凝土的养护

在常温下,混凝土终凝后（浇筑后 4～6h）,在其表面覆盖草袋,浇水湿润养护不少于14d,不宜用电热法养护和蒸汽养护。

（7）拆模

防水混凝土结构拆模时,其强度必须超过设计强度等级的 70%,混凝土表面温度与环境温度之差不得超过 15℃。

（8）细部构造防水施工

① 施工缝。

a. 施工缝留设位置。地下结构的顶板、底板的混凝土应连续浇筑,不宜留施工缝,顶拱、底拱不宜留纵向施工缝;墙体留水平施工缝时,不应留在剪力或弯矩最大处或底板与侧壁的交接处,应留在底板表面以上不小于 200mm 的墙体上;墙上设有孔洞时,施工缝距孔洞边缘不宜小于 300mm,如必须留垂直施工缝,应留在结构变形缝处。

b. 施工缝的形式。施工缝的断面可做成不同形状,各种形式施工缝各有利弊,施工缝防水构造如图 5-18 所示,钢板止水缝较为可靠,推荐采用。

c. 施工缝的浇筑。施工缝上下两层混凝土浇筑时间间隔不能太长,以免接缝处新旧混凝土收缩值相差过大而产生裂缝。为使接缝严密,浇筑前对缝表面进行凿毛处理,清除浮粉和杂物,用水冲洗干净,保持湿润,再铺 20～25mm 厚的水泥砂浆一层。

② 后浇带。

后浇带应在其两侧混凝土龄期达到 42d 后再施工,但高层建筑的后浇带还应满足在结构顶板浇筑混凝土 14d 后才能进行施工。后浇带混凝土施工前,后浇带部位和外贴式止水带应予以保护,严防落入杂物和损伤外贴式止水带,后浇带防水构造如图 5-19～图 5-21 所示。后浇带应采用补偿收缩混凝土浇筑,其强度等级不应低于两侧混凝土的强度等级。后浇带混凝土的养护时间不得少于 28d。

③ 穿墙管。

穿墙管防水施工时应符合下列规定。

a. 金属止水环应与主管满焊密实,并做防腐处理,采用套管式穿墙防水构造时,翼环与套管应满焊密实,并在施工前将套管内表面清理干净。

b. 管与管的间距应大于 30mm。

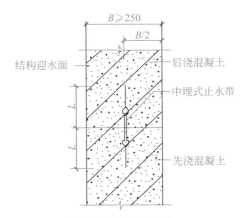

（a）中埋式止水带构造

钢板止水带L≥150；

橡胶止水带L≥200；

钢边橡胶止水带L≥120

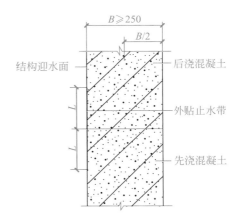

（b）外贴止水带构造

外贴止水带L≥150；

外涂防水涂料L=200；

外抹防水砂浆L=120

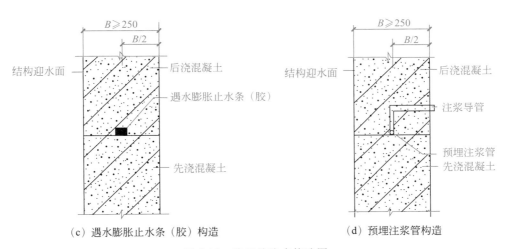

（c）遇水膨胀止水条（胶）构造　　　　　　（d）预埋注浆管构造

图 5-18　施工缝防水构造图

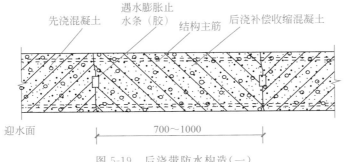

图 5-19　后浇带防水构造（一）

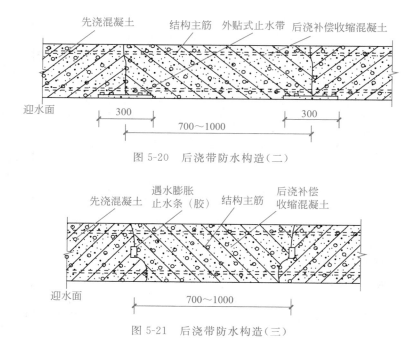

图 5-20　后浇带防水构造(二)

图 5-21　后浇带防水构造(三)

　　c. 遇水膨胀止水圈穿墙管,管径宜小于 50mm,胶圈应用胶黏剂满黏固定于管上,并应涂缓胀剂。

　　d. 当工程有防护要求时,穿墙管除应采取有效的防水措施外,尚应采取措施满足防护要求,穿墙管伸出外墙的主体部位,应采取有效措施防止回填时将管损坏。

　　4)水泥砂浆防水施工

　　(1)施工条件

　　① 基层表面应平整、坚实、粗糙、清洁,并充分湿润、无积水。

　　② 基层表面的孔洞、缝隙要用与防水层相同的砂浆堵塞抹平。

　　③ 施工前应将预埋件、穿墙管、预留凹槽内嵌填密封材料。

　　④ 水泥砂浆防水层不宜在雨天及 5 级以上大风中施工,冬季施工时,气温不应低于 5℃,且基层表面温度应保持在 0℃以上,夏季施工时,不应在 35℃以上或烈日照射下施工。

　　(2)材料要求

　　水泥砂浆防水施工材料要求如表 5-11 所示。

表 5-11　水泥砂浆防水施工材料要求

序号	材料名称	材 料 要 求
1	水泥	因掺膨胀剂,要求用不小于 32.5 级的普通硅酸盐水泥。火山灰水泥和粉煤灰水泥要经试验确定后使用,严禁使用过期或受潮结块水泥
2	砂	砂宜用中砂,粒径 3mm 以下,含泥量不大于 1%,硫化物或硫酸盐含量不大于 1%,石子粒径宜为 5~40mm,含泥量不大于 1%,泥块含量不大于 0.5%
3	水	应采用不含有害杂质、pH 值为 4~9 的洁净水,一般饮用水或天然洁净水均可采用

（3）配合比

水泥砂浆配合比如表 5-12 所示。

表 5-12 水泥砂浆配合比

名　称	配合比（质量比）		水灰比	适 用 范 围
	水泥	砂		
水泥浆	1	—	0.55～0.60	防水层的第一层
水泥浆	1	—	0.37～0.40	防水层的第三、五层
水泥砂浆	1	1.5～2.0	0.40～0.50	防水层的第二、四层

（4）工具准备

水泥砂浆防水施工工具如表 5-13 所示。

表 5-13 水泥砂浆防水施工工具

类 型	工 具 名 称	用 途
搅拌用工具	砂浆搅拌机、铁锹、筛子、灰镐	搅拌砂浆用
运输、存放砂浆工具	水桶、灰桶、胶皮管	装水、砂浆用
抹子	铁抹子、木抹子、圆阴角抹子、圆阳角抹子、压子、水平尺、方尺	抹水泥浆、水泥砂浆、压实、成角等
抹刮及检查工具	托灰板	抹灰时托砂浆用
	木杠	刮平砂浆层
	软刮尺	抹灰层的找平
	托线板和线锤	检查垂直平整度
刷类	钢丝刷	混凝土基层表面打毛
	毛刷	涂刷素灰层表面

（5）基层处理

基层处理一般包括清理、浇水、补平等工序。其处理顺序为先将基层油污、残渣清除干净，再烧水湿润，最后用砂浆等将凹处补平，使基层表面清洁平整、潮湿和坚实粗糙。

（6）混凝土顶板与墙面防水层施工

混凝土顶板与墙面防水层施工一般分五层抹面施工，即素灰层→水泥砂浆层→素灰层→水泥砂浆层→水泥浆层，具体施工要点如表 5-14 所示。

表 5-14　五层抹面施工要点

施工步骤	施工方法	施工要求	作用
第一层素灰层 （厚 2mm）	① 水灰比 0.55～0.6； ② 分两次抹压。先抹一道素灰层,用铁抹子往返抹压 5～6 遍,使素灰填实基层表面空隙,其上再抹 1mm 厚素灰找平； ③ 抹完后用湿毛刷按横向轻轻刷一遍,以便打乱毛细孔通路,增强和第二层的结合	灰在桶中应经常搅拌,以免产生分层离析和初凝,抹面不要干撒水泥粉,要薄而均匀	第一道防水防线
第二层水泥砂浆层 （厚 4～5mm）	① 水灰比 0.4～0.5,砂浆配合比为水泥：砂＝1：2.5； ② 待第一层素灰稍加干燥,用手指按能进入素灰层 1/4～1/2 深时,再抹水泥砂浆层,抹时用力压抹,使水泥砂浆层能压入素灰层内 1/4 左右,以使一、二层紧密结合； ③ 在水泥砂浆层初凝前后,用扫帚将砂浆层表面扫成横向条纹	抹水泥砂浆时,要用力揉浆,揉浆时先薄抹一层水泥砂浆,然后用铁抹子用力揉压,使水泥砂浆渗入素灰层（但不能压透素灰层）,揉压时严禁加水,以防开裂	骨架和保护素灰作用
第三层素灰层 （厚 2mm）	① 水灰比 0.37～0.4； ② 待第二层水泥砂浆凝固并有一定强度后（一般需 24h）,适当浇水湿润,即可进行,操作方法同第一层； ③ 若第二层水泥砂浆层在硬化过程中析出游离的氢氧化钙形成白色薄膜时,应刷洗干净	施工方法同第一层	防水作用
第四层水泥砂浆层 （厚 4～5mm）	① 水灰比 0.4～0.45,砂浆配合比为水泥：砂＝1：2.5； ② 操作同第二层,但抹后不扫条纹,在砂浆凝固前后,分次抹压 5～6 遍,以增强密实性,最后压光； ③ 每次抹压间隔时间和温、湿度及通风条件有关,一般夏季 12h 内完成,冬季 14h 内完成	水泥砂浆初凝前,待收水 70%（手指按上去,砂浆不粘手,有少许水印）时进行收压,要使砂浆密实,强度高,不起砂	保护第三层素灰层和防水作用
第五层水泥浆层	① 水灰比 0.55～0.6； ② 在第四层水泥砂浆抹压两遍后,用毛刷均匀涂刷水泥浆一遍,随第四层压光	抹面要均匀,不干撒水泥粉	防水作用

（7）混凝土顶板与墙面防水层施工

混凝土顶板与墙面防水层施工时,各层应紧密结合、连续,不留施工缝。如确因施工困难需留施工缝时,施工缝留缝应符合施工要求,素灰与砂浆层要在同一天内完成,要做到前两层为一连续操作单元,后三层为一连续操作单元,切勿抹完素浆后放置时间过长或次日再抹水泥砂浆,否则会出现黏结不牢或空鼓现象。

（8）混凝土地面防水层施工

混凝土地面砂浆防水层同样采用五层抹面法施工操作,素灰层(第一、三层)与顶板和墙面施工有所不同。顶板和墙面是采用铁抹子进行刮抹法施工,而此处应先将搅拌好的素灰倒在地面上,再用棕刷往返用力涂刷均匀。水泥砂浆层(第二、四层)与顶板和墙面防水层施工相同。施工时应由里向外,尽量避免操作时踩踏防水层。

（9）养护

防水层施工完,砂浆终凝后,表面呈灰白色时,就可覆盖浇水养护。一般施工后8～12h即可先用喷壶慢慢喷水,养护一段时间后再用水管浇水。水泥砂浆防水层养护温度不宜低于5℃,养护时间不得少于14d,夏天应增加浇水次数,但避免在中午最热时浇水养护,对于易风干部分,每隔4h浇水一次。养护期间应经常保持覆盖物湿润。防水层施工完后,要加强保护,防止践踏。应在防水层养护完毕后进行后续工程施工,以免破坏防水层。

5.2.4　任务评价

以工作任务为导向,完成实际工作过程,理实结合、学做结合,提高学生安全意识,建立"安全第一、预防为主"的职业情感,树立敬畏生命的理念,培养遵章守纪的职业操守、责任意识,严谨认真的工匠精神,达到教书育人的目的;通过对所学习的知识和技能进行评价,培养学生严谨、认真、负责的学习品质和个性特征,同时也可以促使学生进行自我反思,学会对事、对人做出客观、科学的价值判断,并学会自我评价。可通过评价表5-15对学生学习情况进行评价,本课程的学习评价主要采用个人学习任务描述、小组学习任务检查和教师评价相结合的方式,综合考虑了学生的课堂表现、成果完成过程和学习成果情况等因素进行综合评分。

表 5-15　学习评价表

评价指标	个人任务完成情况描述	小组检查	教师评价	分值	得分
课前准备				10	
学习过程				10	
学习态度				20	
学习纪律				10	
成果完成				15	
课后拓展				10	
自评反馈				25	
汇总得分					

任务小结

任务 5.3　外墙板缝防水

5.3.1　任务描述

建筑房屋漏水渗水一直是困扰建筑业多年的一个质量通病,尚未得到较好的解决。装配式建筑由许多构件拼装而成,各构件之间因安装间隙的存在,使得装配式建筑的防水施工显得尤为重要,防水质量是工程质量控制的关键要素。依据设计要求及装配式建筑采用材料防水、构造防水等多道设防的原则,处理好外墙、外窗等部位的材料防水和构造防水,是装配式建筑防水施工的重点。

5.3.2　任务分解

1. 外墙拼缝防水有哪些要求?

2. 外墙拼缝防水材料应如何选择?

3. 外墙拼缝防水施工要点有哪些?

4. 外墙拼缝防水施工应注意哪些问题?

5.3.3　任务实施

1. 重难点

（1）外墙拼缝防水一般要求。

（2）外墙拼缝防水施工要点。

2. 分组安排

具体任务分组安排如表 5-16 所示,教师可根据现场情况进行分组安排。

表 5-16　学习分组表

班级		组号		指导教师	
组长		学号			
组员	任务分工		任务准备情况		任务学习进度

3. 任务学习内容

1）外墙拼缝防水一般要求

（1）外墙拼缝构造应满足防水、防火、隔声等建筑功能的要求。

（2）外墙拼缝宽度应满足主体结构的层间位移、密封材料的变形能力及施工误差、温差引起的变形要求。建筑密封胶与混凝土要有良好的黏结性,还应具有耐候性、可涂装性、环保性。

（3）建筑密封胶进场前,应按规范要求进行抽样,同时委托有资质的实验室对相应的材料进行二次检验。

（4）外墙拼缝严格按设计要求施工,并保证美观干净。

（5）外墙一般设置预留缝隙宽度为 20mm,在满足基材伸缩余量前提下,最小的拼缝宽度为 10mm。

（6）当拼缝宽度小于 10mm 时,宽深比 1∶1;当拼缝宽度大于 10mm 时,宽深比＝2∶1。施工人员应根据实际的拼缝宽度选择相应的宽深比(图 5-22)。

2）外墙拼缝防水材料的选型

装配式建筑外墙防水材料主要包括发泡聚乙烯棒和密封胶。密封胶一般采用西卡高性能预制专用聚氨酯外墙密封胶或双组分思美定 MS 改性硅酮密封胶,此种材料在多孔基面上有优良的黏结性能,在碱性基面混凝土上使用也不会产生问题。

使用柔软闭孔的圆形或扁平的聚乙烯棒作为背衬材料,控制密封胶的施胶深度和形

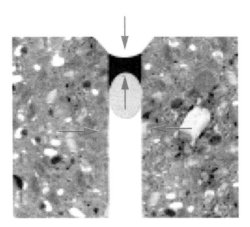

图 5-22　宽深比

状;通常情况下,背衬材料应大于接缝宽度的 25%,实现宽深比 2∶1 或 1∶1(根据实际接缝宽度而定)。

　　如果拼缝太窄或被填充物覆盖而无法放置背衬材料,须使用黏结隔离带,覆盖拼缝底部。若西卡高性能预制专用聚氨酯外墙密封胶或 MS 改性硅酮密封胶与基材底部直接黏结,其变形能力会受到影响。

　　3)外墙防水胶防水施工要点

　　外墙防水胶施工工艺流程如表 5-17 所示。

表 5-17　外墙防水胶施工工艺流程

工　序	图　例	注　意　事　项
1 确认拼缝状态		测量拼缝的宽度及深度,确认是否符合设计标准,拼缝内是否有浮浆等残留物
2 基层清理		将拼缝中的浮浆等用铲刀铲除,铲除干净以后,用毛刷进行清扫
3 填塞填充材料		根据缝隙宽度合理选择填充材料的规格;泡沫棒充分压实

工　序	图　例	注 意 事 项
4 确认宽、深度		填充完成后,确认缝隙宽度与深度是否合适,是否与泡沫棒相配套
5 美纹纸施工		美纹纸粘贴要牢固
6 刷底涂(多组分 MS 必须使用配套底漆)		底涂要使用配套产品,涂刷必须均匀、到位
7 材料混合(仅限双 组分密封胶)		使用搅拌机进行材料搅拌,材料要混合均匀;搅拌时间一般为 15min,可事先设置搅拌时间,不得随意增加或减少搅拌时间;严格按厂家的产品配比进行混合
8 打胶施工		打胶时注意注入角度,注胶应从底部开始注入,使胶饱满,无气泡,同时注意不要污染墙面
9 修正工作		刮胶应注意角度,以达到理想效果;刮胶过程中要注意不得污染墙面,如造成污染应及时清理,以防胶固化以后难以清理造成外墙面污染

续表

工　序	图　例	注　意　事　项
10 拆除美纹纸，完工检查		去除美纹纸过程中，应注意不要污染其他部位，同时留意已修饰过的胶面；如有问题应马上修补，确认是否漂亮完工
11 修补		确认其他场所是否被弄脏，对于不符合要求的部位及时进行处理

4）外墙拼缝基层施工要点

（1）通过角磨机或钢丝刷去除不利于黏结的物质，如油脂、灰尘、油漆、水泥浮浆和其他不利于黏结的微粒。

（2）用毛刷或者真空吸尘器清洁基材表面上由于打磨而残留的灰尘、杂质等、保证基面、干燥以及结构表面均一。

（3）在拼缝处理过程中，应尽量避免对拼缝表面的破坏。

5）底涂施工要点

使用高性能预制专用聚氨酯外墙密封胶时，在位移量较大的地方、横缝和竖缝的接合处及易松动或易开裂的混凝土表面必须进行底涂施工。双组分密封胶必须使用配套底涂。施工步骤如下。

（1）施工底涂前要确保背衬材料（如聚乙烯泡沫棒）已放置好，美纹纸胶带已贴好。

（2）使用毛刷或其他合适的工具刷一薄层底涂，底涂应只涂刷一次，避免漏刷以及来回反复刷涂。

（3）底涂在低于 15℃ 条件下须晾置 30min，高于 15℃ 条件下须晾置 10min，务必保证打胶前底涂已完全干燥。

6）密封胶施工要点

（1）外墙密封胶施工前需确认背衬材料放置完毕，并保证宽深比为 2∶1 或 1∶1（根据实际接缝宽度而定），基材拼缝四周边缘贴上美纹纸胶带，底涂施工完毕，且完全干燥。

（2）根据填缝的宽度，将胶嘴以 45°切割至合适的口径，将外墙密封胶置入胶枪中，尽量将熔胶嘴探到接缝底部，保持合适的速度，连续注入足够的密封胶并有少许外溢，以避免胶体和胶条之间产生空腔；确保密封胶与黏结面结合良好，并保证设计好的宽深比。

（3）当接缝大于 30mm 或为弧形缝底时，应分两次施工，即注入一半密封胶之后用刮刀或者刮片下压密封胶，然后再注入另一半。

（4）密封胶施工完成后，用压舌棒、刮片或其他工具将密封胶刮平压实，加强密封效果,禁止来回反复刮胶动作,保持刮胶工具干净。

（5）用抹刀修饰出平整漂亮的凹形边缘。

（6）用专用活化剂或者肥皂水（与密封胶的相容性一致）抹平修整密封胶表面,须确保液体不渗进密封胶和接缝相接处。

（7）美纹纸胶带必须在密封胶表面风干之前揭下。

（8）施工完成后,立即用专用清洁剂或者其他溶剂清洗工具进行清洗。固化了的密封胶只能用机械方法去除。

7）外墙拼缝排水管安装要点

（1）外墙拼缝排水管的安装工艺

在外墙拼缝每隔三层的十字交叉处增加防水排水管,即每隔三层进行两次密封,且配有排水构造（排水管）。排水管安装原因包括:

① 拼缝内部容易产生积水现象;

② 拼缝内部产生的积水容易导致内墙漏水问题;

③ 容易产生露水凝结的现象;

④ 积水凝固后会对外墙挂板间的混凝土产生不好的影响;

⑤ 万一出现密封胶断裂的情况,非水管的安装也可以防止漏水的发生。

如发生漏水时,安装排水管可确保雨水有流出口,防止雨水堆积在内部;接缝内部有可能因为冷热温差而形成结露水,安装排水管可使结露水经由排水管导出;漏水发生后,可由排水管安装楼层迅速推断出漏水位置。

（2）排水管施工要点

排水管施工要点如表 5-18 所示。

表 5-18　排水管施工要点

工　序	图　例	施工步骤及注意事项
1 安装隔离材料 （泡沫棒）		① 根据拼缝尺寸选择合适的隔离材料,使其贴内墙; ② 高度应控制在 30～50cm; ③ 角度应设置为 20°以上,以保证水可以顺畅流出
2 接缝处理		① 清理接缝,去除灰尘等污渍; ② 在接触面涂刷底涂胶

续表

工 序	图 例	施工步骤及注意事项
3 密封胶施工		底涂干燥时间至少要保证 30min；进行密封胶的施工
4 表面处理		用刮刀将密封胶进行均匀平整
5 安装排水管		① 检查排水管是否可以通水； ② 排水管应选择直径为 8mm 以上的管； ③ 安装时应保证排水管突出外墙的部分至少长 5mm； ④ 应慎重选择排水管的颜色； ⑤ 进行外墙拼缝密封胶施工
6 隔离材安装		① 保证水能够顺利流出； ② 在外墙预制板间拼缝进行密封胶（POS SEAL TYPE Ⅱ）施工； ③ 用刮刀按压排水管周围的密封胶
7 施工完成效果		① 将密封胶表面进行均匀平整； ② 去除护胶带； ③ 确保拼缝周围没有被污染

5.3.4 任务评价

通过对装配式外墙拼缝防水施工所学习的知识和技能进行评价,有利于培养学生严谨、认真、负责的学习品质和个性特征,同时也可以促使学生进行自我反思,学会对事、对人做出客观、科学的价值判断,并学会自我评价。可通过评价表 5-19 对学生学习情况进行评价,本课程的学习评价主要采用个人学习任务描述、小组学习任务检查和教师评价相结合的方式,综合考虑了学生的课堂表现、成果完成过程和学习成果情况等因素进行综合评分。

表 5-19　学习评价表

评价指标	个人任务完成情况描述	小组检查	教师评价	分值	得分
课前准备				10	
学习过程				10	
学习态度				20	
学习纪律				10	
成果完成				15	
课后拓展				10	
自评反馈				25	
	汇总得分				

任务小结

任务 5.4　防水施工质量检验

5.4.1　任务描述

某施工公司承接某屋面工程防水施工,该屋面采用高聚物改性沥青防水卷材,分两批进料,第一批进 500 卷,第二批进 260 卷。如何确保进场的防水卷材符合质量要求?在防水施工过程中要注意什么问题才能确保施工质量?

5.4.2　任务分解

1. 如何判断进场的防水材料符合质量要求?判定的标准是什么?

2. 防水材料进场时,如何抽样检验?

3. 防水材料进场检验时,检测的项目指标有哪些?

4. 防水混凝土和水泥砂浆施工质量如何检验?

5.4.3 任务实施

1. 重难点

(1) 防水材料抽样检验。

(2) 防水混凝土和水泥砂浆施工质量检验。

2. 分组安排

具体任务分组安排如表 5-20 所示,教师可根据现场情况进行分组安排。

表 5-20　学习分组表

班级		组号		指导教师	
组长		学号			
组员	任务分工	任务准备情况		任务学习进度	

3. 任务学习内容

1) 防水卷材质量检验

(1) 外观质量检验

查验产品合格证书和性能检测报告,进行规格和外观质量检验,全部指标达到标准规定时即为合格,其中如有一项指标达不到要求,应在受检产品中另取相同数量的卷材进行复检,全部达到标准规定为合格,复检时若仍有一项指标不合格,则判定该产品外观质量为不合格。

(2) 物理性能检验

进行现场抽样复验,并提供复验报告,技术性能应符合要求。在外观质量检验合格的卷材中,任取一卷做物理性能检验。若物理性能有一项指标不符合标准规定,应在受检产品中加倍取样进行该项复检,复检结果如果仍不合格,则判定该产品为不合格。

(3) 卷材质量判别

判别卷材是否假冒,实用的检测方法是检查低温柔度和耐热性两个指标。

低温柔度(−18℃):剪一小块卷材放入冰箱冷冻室内,2h 后取出,立即在手指上挠一下,无裂缝即合格。

耐热性(90℃):剪一块卷材放在水壶外壳,将水烧开,卷材不流淌、不下滑初判合格。

(4) 防水卷材抽样基数及数量

《屋面工程质量验收规范》(GB 50207—2012)规定:大于 1000 卷抽 5 卷;500~1000 卷抽 4 卷;100~499 卷抽 3 卷;100 卷以下抽 2 卷。

（5）防水卷材检测项目

沥青防水卷材：表面平整，边缘整齐，无孔洞、缺边、裂口、胎基未浸透，矿物粒料粒度，每卷卷材的接头或有无任何其他可观察到的缺陷存在。

改性沥青防水卷材：主要检测可溶物含量、拉力、最大拉力时延伸率、耐热度、低温柔性、不透水性。

高分子防水卷材：检测断裂拉伸强度、拉断伸长率、低温弯折性、不透水性；检查卷材表面平整，边缘整齐，有无气泡、裂纹、黏结疤痕；检查每卷卷材的接头或任何其他可观察到的缺陷；沿卷材整个宽度方向切割卷材，检查切割面有无空包和杂质存在。

2）防水涂料

（1）先进行所取样品外观质量的检查，不符合相应标准中有关外观技术要求规定的产品为不合格品。

（2）外观检查合格的产品按种类的不同分别取 2～10kg 样品进行物理力学性能的检测，对于多组分产品，所取试样总量满足要求即可。检验中所有项目（表 5-21）均符合相应标准要求时，判该批产品为合格；如有两项或两项以上指标不符合标准，则判该批产品为不合格；若有一项指标不符合标准，允许在同批产品中加倍抽样进行单项复检，若该项经过复检仍不符合标准，则判该批产品为不合格产品。

表 5-21　防水涂料检验项目

序号	防水涂料名称	外观质量检验	物理性能检验
1	高聚物改性沥青防水涂料	水乳型：无色差、凝胶、结块、明显沥青丝。溶剂型：黑色黏稠状，细腻、均匀胶状液体	固体含量、耐热性、低温柔性、不透水性、断裂伸长率或抗裂性
2	合成高分子类防水涂料	反应固化型：均匀黏稠状，无凝胶、结块。挥发固化型：经搅拌后无结块，呈均匀状	固体含量、拉伸强度、断裂伸长率、低温柔性、不透水性
3	聚合物水泥防水涂料	液体组分：无杂质、无凝胶的均匀乳液。挥发固化型：经搅拌后无结块，呈均匀状	固体含量、拉伸强度、断裂伸长率、低温柔性、不透水性

（3）防水涂料按随机取样方法，对同一生产厂生产的相同包装的产品进行取样。《屋面工程质量验收规范》（GB 50207—2012）规定均以每 10t 为一批，不足 10t 按一批取样。《地下防水工程质量验收规范》（GB 50208—2011）规定有机防水涂料，每 5t 为一批，不足 5t 按一批抽样；无机防水涂料，每 10t 为一批，不足 10t 按一批抽样。

3）密封材料

合成高分子密封材料和改性沥青密封材料以 1t 产品为一批，不足 1t 的按一批进行现场抽样；合成橡胶胶结带以每 1000m 为一批，不足 1000m 的按一批抽样。材料检测项目如表 5-22 所示。

表 5-22　密封材料进场检验项目

防水密封材料名称	外观质量检验	物理性能检验
改性沥青密封材料	黑色均匀膏状，无结块和未浸透的填料	耐热性、低温柔性、拉伸黏结性、施工度

续表

防水密封材料名称	外观质量检验	物理性能检验
合成高分子密封材料	均匀膏状物或黏稠液体,无结皮、凝胶或不易分散的固体团状	拉伸模量、断裂伸长率、拉伸黏结性
合成橡胶胶结带	表面平整,无固块、杂质、孔洞、外伤及色差	剥离强度、浸水 168h 后的剥离强度保持率

4）止水材料

止水材料进场检验包括:检查产品合格证、产品性能检测报告和材料进场检验报告。现场抽样复验取样长度 1m。按下列要求进行。

（1）橡胶类止水带

按每月同标记的止水带产量为一批抽样。其外观质量检验包括尺寸公差、开裂,缺胶,海绵状,中心孔偏心,凹痕,气泡,杂质,明疤;物理性能检验包括拉伸强度,扯断伸长率,撕裂强度。

（2）止水条

按每 5000m 为一批,不足 5000m 按一批抽样。其外观质量检验包括尺寸公差、柔软、弹性均质、色泽均匀、无明显凹凸;物理性能检验包括硬度、7d 膨胀率、最终膨胀率、耐水性。

5）防水混凝土

地下防水工程防水混凝土的施工质量检验数量应按混凝土外露面积每 100m² 抽查 1 处,每处 10m²,且不得少于 3 处,细部构造应按全数检查。防水混凝土质量检验主要有原材料、强度、细部构造和外观质量等方面,检验项目分为主控项目和一般项目。

（1）主控项目

① 防水混凝土的原材料、配合比及坍落度必须符合设计要求。

检验方法:检查产品合格证、产品性能检验报告、计量措施和材料进场检验报告。

② 防水混凝土的抗压强度和抗渗性能必须符合设计要求。

检验方法:检查混凝土抗压强度、抗渗性能检测报告。

③ 防水混凝土的变形缝、施工缝、后浇带、穿墙管道、埋设件等设置和构造,必须符合设计要求。

检验方法:观察检查和检查隐蔽工程验收记录。

（2）一般项目

① 防水混凝土结构表面应坚实、平整,不得有漏筋、蜂窝等缺陷;埋设件位置应准确。

检验方法:观察和尺量检查。

② 防水混凝土结构表面的裂缝宽度不应大于 0.2mm,且不得贯通。

检验方法:用刻度放大镜检查。

③ 防水混凝土结构厚度不应小于 250mm,其允许偏差为 +8mm、-5mm;主体结构迎水面钢筋保护层厚度不应小于 50mm,其允许偏差为 ±5mm。

检验方法:尺量检查和检查隐蔽工程验收记录。

6）水泥砂浆

水泥砂浆检验应按施工面积每 $100m^2$ 抽查 1 处，每处 $10m^2$，且不得少于 3 处。检验内容主要有原材料、配合比、外观质量和水泥砂浆防水层厚度等方面，检验项目分为主控项目和一般项目。

（1）主控项目

① 水泥砂浆防水层的原材料及配合比必须符合设计要求。

检验方法：检查出厂合格证、质量检验报告、计量措施和现场抽样试验报告。

② 防水层各层之间必须结合牢固、无空鼓现象。

检验方法：观察和用小锤轻击检查。

（2）一般项目

① 水泥砂浆防水层表面应密实、平整，不得有裂纹、起砂、麻面等缺陷；阴阳角处应做成圆弧形。

检验方法：观察检查。

② 水泥砂浆防水层施工缝留槎位置应正确，接槎应按层次顺序操作，层层搭接紧密。

③ 水泥砂浆防水层的平均厚度应符合设计要求，最小厚度不得小于设计值的 85%。

检验方法：观察和尺量检查。

5.4.4 任务评价

通过对所学习的知识和技能进行评价，引导学生养成严谨的工作态度，规范施工，要恪守职业道德。通过学生小组合作，养成团队合作的工匠精神。可通过评价表 5-23 对学生学习情况进行评价，本课程的学习评价主要采用个人学习任务描述、小组学习任务检查和教师评价相结合的方式，综合考虑了学生的课堂表现、成果完成过程和学习成果情况等因素进行综合评分。

表 5-23 学习评价表

评价指标	个人任务完成情况描述	小组检查	教师评价	分值	得分
课前准备				10	
学习过程				10	
学习态度				20	
学习纪律				10	
成果完成				15	
课后拓展				10	
自评反馈				25	
	汇总得分				

任务小结

项目小结

本项目主要介绍常用的防水材料及分类、性能及使用范围、学习装配式建筑地下基础及外墙拼缝防水施工要点和防水施工质量验收知识,通过学习任务的深入开展,能正确选用防水材料,熟悉防水施工的工艺和施工要点,具备装配式防水施工质量检验的能力,能根据实际情况合理选择施工方法,能按照规范要求施工。

知识链接

微课:地下基础
防水施工

微课:防水
施工(屋面)

微课:构件接
缝防水处理

项目 6　装配式建筑施工管理

知识目标

1. 掌握装配式构件材料管理方法。
2. 掌握装配式建筑施工现场管理方法。
3. 掌握装配式建筑施工质量管理方法。
4. 掌握装配式建筑施工安全管理方法。
5. 掌握装配式建筑施工进度、成本与合同管理方法。

项目背景材料

　　随着我国社会经济的不断发展,装配式建筑也逐渐开始普及。2016 年国务院办公厅印发的《关于大力发展装配式建筑的指导意见》提出大力发展装配式建筑,不断提高装配式建筑在新建建筑中的比例,并确定了提升装配施工水平,支持施工企业总结编制施工工法,提高装配施工技能,实现技术工艺、组织管理、技能队伍的转变,打造一批具有较高装配施工技术水平的骨干企业。引导企业研发应用与装配式施工相适应的技术、设备和机具,提高部品部件的装配施工连接质量和建筑安全性能。2017 年住房和城乡建设部发布了《装配式建筑评价标准》(GB/T 51129—2017),有力推进了装配式建筑施工技术发展。装配式建筑人才队伍的建设是行业发展的关键,行业和企业将逐渐加大对装配式建筑施工管理人员和技术工人的职业培训力度。

　　2020 年 2 月"装配式建筑施工员"新职业正式发布,纳入国家职业分类目录,建筑行业大军有了职业奋斗的新目标、新方向。装配式建筑施工除了要遵循已有的建筑工程规范标准外,工程参建各方还应针对装配式建筑的工程特点,建立健全针对施工各个过程,特别是关键部位,危险程度较高的施工环节,制定现场安全管理制度和突发意外的应急方案,进行学习交底,适时演练。检查其可操作性、针对性。制定现场安全管理制度和突发意外应急方案,并由单位负责人组织相关人员进行调整,确认每个施工者都知晓。

任务 6.1　装配式构件材料管理

6.1.1　任务描述

　　在项目正式吊装施工前,对现场准备的各类施工器具、材料进行盘点,要做到需准备的器具、材料种类齐全;型号、尺寸符合要求;数量不少于一层的用量。

　　材料应根据不同性质存放于符合要求的专门材料库房,应避免潮湿、雨淋,防爆、防腐蚀;各种材料应标识清楚,分类存放。

　　建立限额领料制度,项目部仓库物资的发放要实行"先进先出,推陈出新"的原则,项目部的物资耗用应结合分部、分项工程的核算,严格实行限额领料制度,在施工前必须由项目施工人员开签限额领料单,限额领料单必须按栏目要求填写,不可缺项。贵重和用量较大的物品,可以根据使用情况,凭领料小票分多次发放。易破损的物品,材料员在发放时需作较详细的验交,并由领用双方在凭证上签字认可。

6.1.2　任务分解

　　1. 常用的装配式混凝土预制构件有哪些?

_____

_____

_____

　　2. 材料、预制构件具体管理内容和要求有哪些?

_____

_____

_____

　　3. 预制构件的进场检查有哪些项次?

_____

_____

_____

6.1.3　任务实施

　　1. 重难点

　　(1)掌握材料、预制构件管理内容和要求。

　　(2)掌握装配式建筑常用材料的分类和质量验收要求。

　　2. 分组安排

　　具体任务分组安排如表 6-1 所示,教师可根据现场情况进行分组安排。

表 6-1　学习分组表

班级		组号		指导教师	
组长		学号			
组员	任务分工	任务准备情况		任务学习进度	

3. 任务学习内容

1）常用预制构件

预制柱、叠合梁、剪力墙、桁架叠合板、预制楼梯、预制阳台、预制空调板、预制女儿墙、预制外墙挂板。

2）材料、预制构件管理内容和要求

施工材料、预制构件管理是为顺利完成项目施工任务，从施工准备到项目竣工交付为止，所进行的施工材料和构件计划、采购运输、库存保管、使用、回收等所有的相关管理工作。

（1）根据现场施工所需的数量、构件型号，提前通知供货厂家按照提供的构件生产和进场计划组织好运输车辆，有序地运送到现场。

（2）装配整体式结构采用的灌浆料、套筒等材料的规格、品种、型号和质量必须满足设计和有关规范、标准的要求，坐浆料和灌浆料应提前进场取样送检，避免影响后续施工。

（3）预制构件的尺寸、外观、钢筋等，必须满足设计和有关规范、标准的要求。

（4）建立管理台账，进行材料收、发、储、运等环节的技术管理，对预制构件进行分类，有序堆放。此外同类预制构件应采取编码使用管理，防止装配过程中出现位置错装问题。

3）构件外观质量缺陷检查与验收

（1）外观严重缺陷检验

PC 构件外观严重缺陷检验是主控项目，须全数检查。通过观察、尺量的方式检查（图 6-1）。

PC 构件不应有严重缺陷，且不应有影响结构性能和安装、使用功能的尺寸偏差。严重缺陷包括纵向受力钢筋有露筋；构件主要受力部位有蜂窝、孔洞、夹渣、疏松；影响结构性能或使用功能的裂缝；连接部位有影响使用功能或装饰效果的外形缺陷，具有重要装饰效果的清水混凝土构件表面有外表缺陷等；石材反打，装饰面砖反打和装饰混凝土表面影响装饰效果的外表缺陷等。

如果 PC 构件存在上述严重缺陷，或存在影响结构性能和安装、使用功能的尺寸偏差，不能安装，须由 PC 工厂进行处理。技术处理方案经监理单位同意方可进行处理；对裂缝或连接部位的严重缺陷及其他影响结构安全的严重缺陷，技术处理方案尚应经设计单位认可。处理后的构件应重新验收。

图 6-1 构件的检查

（2）外观一般缺陷检查

外观一般缺陷检查为一般项目，全数检查。一般缺陷包括纵向受力钢筋以外的其他钢筋有少量露筋；非主要受力部位有少量蜂窝、孔洞、夹渣、疏松、不影响结构性能或使用性能的裂缝；连接部位有基本不影响结构传力性能的缺陷；不影响使用功能的外形缺陷和外表缺陷。一般缺陷应当由制作工厂处理后重新验收。

（3）构件外观质量缺陷分类

预制构件常见的外观质量缺陷如表 6-2 所示。

表 6-2 预制构件常见的外观质量缺陷

名称	现象	严重缺陷	一般缺陷
露筋	构件内钢筋未被混凝土包裹而外露	纵向受力钢筋有露筋	其他钢筋有少量露筋
蜂窝	混凝土表面缺少水泥砂浆而形成石子外露	构件主要受力部位有蜂窝	其他部位有少量蜂窝
孔洞	混凝土中孔穴深度和长度均超过保护层厚度	构件主要受力部位有孔洞	其他部位有少量孔洞
夹渣	混凝土中夹有杂物且深度超过保护层厚度	构件主要受力部位有夹渣	其他部位有少量夹渣
疏松	混凝土中局部不密实	构件主要受力部位有疏松	其他部位有少量疏松
裂缝	缝隙从混凝土表面延伸至混凝土内部	构件主要受力部位有影响结构性能或使用功能的裂缝	其他部位有少量不影响结构性能或使用功能的裂缝
连接部位缺陷	构件连接处混凝土缺陷及连接钢筋、连接件松动，插筋严重锈蚀、弯曲，灌浆套筒堵塞、偏位，灌浆孔洞堵塞、偏位、破损等	连接部位有影响结构传力性能的缺陷	连接部位有基本不影响结构传力性能的缺陷

续表

名称	现象	严重缺陷	一般缺陷
外形缺陷	缺棱掉角、棱角不直、翘曲不平、飞出凸肋等,装饰面砖黏结不牢、表面不平、砖缝不顺直等	清水或具有装饰的混凝土构件内有影响使用功能或装饰效果的外形缺陷	其他混凝土构件有不影响使用功能的外形缺陷
外表缺陷	构件表面麻面、掉皮、起砂、沾污等	具有重要装饰效果的清水混凝土构件有外表缺陷	其他混凝土构件有不影响使用功能的外表缺陷

(4) 预制构件尺寸偏差及检验方法。

预制构件的检验要求及方法见表 6-3。

表 6-3　预制构件的检验要求及方法

项次	检查项目			允许偏差/mm	检验方法
1	规格尺寸	长度	<12m	±5	用尺量两端及中间部,取其中偏差绝对值较大值
			≥12m 且<18m	±10	
			≥18m	±20	
2		宽度		±5	用尺量两端及中间部,取其中偏差绝对值较大值
3		厚度		±5	用尺量板四角和四边中部位置共 8 处,取其中偏差绝对值较大值
4	对角线差			6	在构件表面,用尺量测两对角线的长度,取其绝对值的差值
5	外形	表面平整度	内表面	4	用 2m 靠尺安放在构件表面上,用楔形塞尺量测靠尺与表面之间的最大缝隙
			外表面	3	
6		楼板侧向弯曲		L/750 且≤20	拉线,钢尺量最大弯曲处
7		扭翘		L/750	四对角拉两条线,量测两线交点之间的距离,其值的 2 倍为扭翘值
8	预埋部件	预埋钢板	预埋线盒、电盒	5	用尺量测纵横两个方向的中心线位置,取其中较大值
			预埋线盒、电盒	0,−5	用尺紧靠在预埋件上,用楔形塞尺量测预埋件平面与混凝土面的最大缝隙
9		预埋螺栓	预埋线盒、电盒	2	用尺量测纵横两个方向的中心线位置,取其中较大值
			外露长度	+10,−5	用尺量
10		预埋线盒、电盒	在构件平面的水平方向中心位置偏差	10	用尺量
			与构件表面混凝土高差	0,−5	用尺量

项次		检查项目	允许偏差/mm	检验方法
11	预留孔	中心线位置偏移	5	用尺量测纵横两个方向的中心线位置,取其中较大值
		孔尺寸	±5	用尺量测纵横两个方向尺寸,取其中较大值
12	预留洞	中心线位置偏移	5	用尺量测纵横两个方向的中心线位置,取其中较大值
		洞口尺寸、深度	±5	用尺量测纵横两个方向尺寸,取其中较大值
13	预留插筋	中心线位置偏移	3	用尺量
		外露长度	±5	用尺量
14	吊环、木砖	中心线位置偏移	10	用尺量测纵横两个方向的中心线位置,取其中较大值
		留出高度	0,−10	用尺量
15		桁架钢筋高度	+5,0	用尺量

6.1.4　任务评价

构件的材料管理是施工前准备的重要环节,通过学习,让学生能够深入了解构件的材料内容,掌握构件的外观缺陷检查标准及方法。可通过评价表 6-4 对学生学习情况进行评价,本课程的学习评价主要采用个人学习任务描述、小组学习任务检查和教师评价相结合的方式,综合考虑了学生的课堂表现、成果完成过程和学习成果情况等因素进行综合评分。

表 6-4　学习评价表

评价指标	个人任务完成情况描述	小组检查	教师评价	分值	得分
课前准备				10	
学习过程				10	
学习态度				20	
学习纪律				10	
成果完成				15	
课后拓展				10	
自评反馈				25	
汇总得分					

任务小结

任务 6.2 装配式建筑施工现场管理

6.2.1 任务描述

　　施工现场的管理对于整个施工的正常开展起着决定性的作用,施工平面布置有基本的布置原则和相关规范性的依据,掌握施工现场管理的内容和要点是作为一名施工现场管理技术人员应该具备的能力。

6.2.2 任务分解

　　1. 施工平面布置的原则是什么?

_____

_____

_____

　　3. 施工平面布置的依据有哪些?

_____

_____

_____

　　3. 施工平面布置有哪些具体内容?

_____

_____

_____

_____

　　4. 施工现场构件堆场如何布置?

_____

_____

_____

_____

6.2.3 任务实施

1. 重难点

（1）掌握施工平面布置的内容和要求。

（2）掌握施工现场构件的堆场布置。

2. 分组安排

具体任务分组安排如表 6-5 所示，教师可根据现场情况进行分组安排。

表 6-5　学习分组表

班级		组号		指导教师	
组长		学号			
组员	任务分工	任务准备情况		任务学习进度	

3. 任务学习内容

1）施工现场平面布置的原则

（1）施工现场平面分办公、生活设施、生产设施和现场围蔽进行布置。

（2）科学确定施工区域和场地面积，尽量减少专业工种之间交叉作业。

（3）尽量利用永久性建筑物、构筑物或现有设施为施工服务，降低施工设施建造费用，尽量采用装配式施工设施，提高其安装速度。

（4）合理布置施工现场的运输道路及各种材料堆场、加工厂、仓库位置、各种机具的位置，尽量使运输距离最短，从而减少或避免二次搬运，尽量降低运输费用。

2）施工现场平面布置依据

（1）招标文件有关要求、招标图纸。

（2）施工设计的各类资料。

① 原始资料：自然条件、技术经济条件。

② 建筑设计资料：总平面图、管道位置图等。

③ 施工资料：施工方案、进度计划、资源需要量计划、业主能提供的设施。

④ 技术资料：定额、规范、规程、规定等。

（3）现场临界线、水源、电源位置，以及现场勘察结果。

（4）总进度计划及资源需用量计划。

（5）总体部署和主要施工方案。

（6）安全文明施工及环境保护要求等。

3）施工现场平面布置内容

水源、电源及引到现场的临时管线，排水沟渠，建筑安装工人临时住所，各种必须建在现场附近的附属工厂、材料堆场，半成品周转场地、设备堆场、各类物资仓库、易燃品仓库、垃圾堆放区和工地临时办公室。

4）施工现场构件堆场的布置

构件存放场地宜为混凝土硬化地面或经人工处理的自然地坪，应满足平整度、地基承载力、龙门吊安全行驶坡度的要求，避免发生由于场地原因造成构件开裂损坏、龙门吊的溜滑事故。存放场地应设置在吊车的有效起重范围内，且场地应有排水措施。

（1）构件堆场的布置原则

① 构件堆场宜环绕或沿所建构筑物纵向布置，其纵向宜与通行道路平行布置，构件宜遵循"先用靠外，后用靠里，分类依次并列放置"的原则。

② 预制构件应按规格型号、出厂日期、使用部位、吊装顺序分类存放，且应标识清晰。

③ 不同类型构件之间应留有不少于0.7m的人行通道，预制构件装卸、吊装工作范围内不应有障碍物，并应有满足预制构件吊装、运输、作业、周转等工作的场地。

④ 预制混凝土构件与刚性搁置点之间应设置柔性垫片，防止损伤成品构件；为便于后期吊运作业，预埋吊环宜向上，标识向外。

⑤ 对于易损伤、污染的预制构件，应采取合理的防潮、防雨、防边角损伤措施。构件与构件之间应采用垫木支撑，保证构件之间留有不小于200mm的间隙，垫木应对称合理放置且表面应覆盖塑料薄膜。外墙门框、窗框和带外装饰材料的构件表面宜采用塑料贴膜或者其他防护措施；钢筋连接套管和预埋螺栓孔应采取封堵措施。

（2）混凝土预制构件堆放

预制墙板根据受力特点和构件特点，宜采用专用支架对称插放或靠放存放，支架应有足够的刚度，并支垫稳固。预制墙板宜对称靠放、饰面朝外，与地面之间的倾斜角不宜小于80°，构件与刚性搁置点之间应设置柔性垫片，防止损伤成品构件，见图6-2。

图6-2　预制墙板存放图

预制板类构件可采用叠放方式存放，其叠放高度应按构件强度、地面耐压力、垫木强度以及垛堆的稳定性来确定，构件层与层之间应垫平、垫实，各层支垫应上下对齐，最下面一层支垫应通长设置,楼板、阳台板预制构件储存宜平放,采用专用存放架支撑,叠放存储不宜超过6层,见图6-3。

图 6-3　预制板类构件存放图

预应力混凝土叠合板的预制带肋底板应采用板肋朝上叠放的堆放方式,严禁倒置,各层预制带肋底板下部应设置垫木,垫木应上下对齐,不得脱空,堆放层数不应大于 7 层,并应有稳固措施。吊环向上,标识向外。

梁、柱等构件宜水平堆放,预埋吊装孔的表面朝上,且采用不少于两条垫木支撑,构件底层支垫高度不低于 100mm,且应采取有效的防护措施,见图6-4。

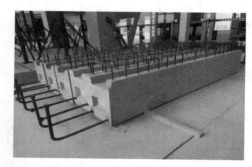

图 6-4　梁、柱构件存放图

6.2.4　任务评价

施工现场的管理有序,对整个施工现场进度、安全等方面影响重大,通过学习,让学生能够深入了解施工现场平面布置,掌握施工现场协调管理内容。可通过评价表 6-6 对学生学习情况进行评价,本课程的学习评价主要采用个人学习任务描述、小组学习任务检查和教师评价相结合的方式,综合考虑了学生的课堂表现、成果完成过程和学习成果情况等因素进行综合评分。

表 6-6　学习评价表

评价指标	个人任务完成情况描述	小组检查	教师评价	分值	得分
课前准备				10	
学习过程				10	
学习态度				20	
学习纪律				10	
成果完成				15	
课后拓展				10	
自评反馈				25	
	汇总得分				

任务小结

任务 6.3　装配式建筑施工质量管理

6.3.1　任务描述

装配式混凝土结构建筑质量管理是以国家建筑规范为基础,地方技术规程为依据,用以指导施工单位在施工质量环节上的项目质量把控。

6.3.2　任务分解

1. 施工单位质量管理要求有哪些?

_____

_____

_____

_____

2. 施工过程质量控制有哪些内容?

_____

_____

_____

_____

3. 预制构件质量验收要求有哪些?

_____

_____

_____

_____

_____

6.3.3　任务实施

1. 重难点

(1)掌握装配式建筑施工单位的责任。

(2)掌握构件施工过程控制的管理。

(3)掌握预制构件的质量验收要求。

2. 分组安排

具体任务分组安排如表 6-7 所示,教师可根据现场情况进行分组安排。

表 6-7 学习分组表

班级		组号		指导教师	
组长		学号			
组员	任务分工	任务准备情况		任务学习进度	

3. 任务学习内容

1）施工单位质量管理

施工单位应当根据装配式混凝土建筑工程的设计文件及相关技术标准编制专项施工方案,并报总监理工程师审批。施工单位应当就预制构件施工安装的施工工艺向施工操作人员进行技术交底。

施工单位应当建立健全预制构件进场验收制度、预制构件施工安装过程质量检验制度,构件安装作业进行全过程质量管控,形成可追溯的文档记录资料及影像记录资料,并按规定对施工安装过程的隐蔽工程和检验批进行验收。施工单位应当及时收集整理施工过程的质量控制资料,并对资料的真实性、准确性、完整性、有效性负责。

施工单位应当建立健全装配式施工人员技术培训及考核制度,吊装、拼装及灌浆等操作人员必须考核合格后方可进行装配式施工。施工单位应进行施工过程信息化管理,包括构件标识识别、进场检验、吊装、拼装、试验检测、质量验收等方面,在施工前可进行模拟、碰撞等检查,对工程质量进行管控。

2）施工过程质量控制

装配式建筑施工过程主要有预制构件进场、预制构件吊装、预制构件连接,其质量控制要点如表 6-8 所示。

表 6-8 施工过程质量控制要点

施工过程	质量控制要点
预制构件进场	预制构件进场应设置专用堆场,并选用合适的堆放方式
	大型特殊构件运输、堆放应采取保证质量的可靠措施
预制构件吊装	预制构件吊装前应根据现场实际情况制定预制构件吊装和质量管理专项方案,进行技术交底。正式拼装前,选择有代表性的单元或部件进行预制构件试拼装和连接
	预制构件吊装应按已批准的专项施工方案进行。预制构件吊装就位后,按规范标准进行检验,留存文字及图像检验记录。监理单位应复核施工总承包单位检验结果
	预制构件拼装完成后,施工总承包单位应协同监理单位对其外观质量进行检验

续表

施工过程	质量控制要点
预制构件连接	采用灌浆连接的,灌浆连接施工前应编制具有针对性的灌浆专项施工方案;现场灌浆施工所采用的灌浆料必须与型式检验报告中的灌浆料一致。灌浆施工前,应对灌浆料的流动度指标进行测试,指标合格后方可进行灌浆作业,并形成灌浆作业记录及影像资料。 灌浆套筒等连接件的平行检验试件制作、取样、送检均应在监理见证下进行,并符合《钢筋套筒灌浆连接应用技术规程》(JGJ 355—2015)的要求
	采用现浇混凝土连接的,连接部位混凝土施工前应对粗糙面、键槽、套筒、连接件进行隐蔽验收;浇筑过程应连续浇筑,确保混凝土密实

3) 隐蔽工程验收

装配式结构连接节点及叠合构件浇筑混凝土前,应进行隐蔽工程验收。验收应包括下列主要内容。

(1) 混凝土粗糙面的质量,键槽的尺寸、数量、位置。

(2) 钢筋的牌号、规格、数量、位置、间距,箍筋弯钩的弯折角度及平直段长度。

(3) 钢筋的连接方式、接头位置、接头数量、接头面积百分率、搭接长度、锚固方式及锚固长度。

(4) 预埋件、预留管线的规格、数量、位置。

(5) 预制构件之间及预制构件与后浇混凝土之间隐蔽的节点、接缝。

(6) 预制混凝土构件接缝处防水、防火等构造做法。

(7) 保温及其节点施工。

(8) 其他隐蔽项目。

4) 预制构件主控项目

(1) 预制构件的混凝土外观质量不应有严重缺陷,且不应有影响结构性能和安装、使用功能的尺寸偏差。

检查数量:全数检查。

检验方法:观察、尺量;检查处理记录。

(2) 预制构件表面预贴饰面砖、石材等饰面与混凝土的黏接性能应符合设计和现行有关标准的规定。

检查数量:按批检查。

检验方法:检查拉拔强度检验报告。

5) 预制构件一般项目

(1) 预制构件外观质量不应有一般缺陷,对出现的一般缺陷应要求构件生产单位按技术处理方案进行处理,并重新检查验收。

检查数量:全数检查。

检验方法:观察,检查技术处理方案和处理记录。

(2) 预制构件粗糙面的外观质量、键槽的外观质量和数量应符合设计要求。

检查数量:全数检查。

检验方法:观察,量测。

（3）预制构件表面预贴饰面砖、石材等饰面及装饰混凝土饰面的外观质量应符合设计要求或有关标准规定。

检查数量:按批检查。

检验方法:观察或轻击检查;与样板比对。

（4）预制构件上的预埋件、预留插筋、预留孔洞、预埋管线等规格型号、数量应符合设计要求。

检查数量:按批检查。

检验方法:观察、尺量;检查产品合格证。

6）预制构件安装与连接主控项目

（1）预制构件临时固定措施应符合设计、专项施工方案要求及国家现行有关标准的规定。

检查数量:全数检查。

检验方法:观察检查,检查施工方案、施工记录或设计文件。

（2）装配式结构采用后浇混凝土连接时,构件连接处后浇混凝土的强度应符合设计要求。

检查数量:按批检验。

检验方法:应符合现行国家标准《混凝土强度检验评定标准》（GB/T 50107—2010)的有关规定。

（3）钢筋采用套筒灌浆连接、浆锚搭接连接时,灌浆应饱满、密实,所有出口均应出浆。

检查数量:全数检查。

检验方法:检查灌浆施工质量检查记录、有关检验报告。

（4）钢筋套筒灌浆连接及浆锚搭接连接用的灌浆料强度应满足设计要求。

检查数量:按批检验,每层为一检验批;每工作班应制作 1 组且每层不应少于 3 组 40mm×40mm×160mm 的长方体试件,标准养护 28d 后进行抗压强度试验。

检验方法:检查灌浆料强度试验报告及评定记录。

7）验收程序与划分

（1）混凝土预制件结构质量验收按单位（子单位)工程、分部（子分部)工程、分项工程和验收批的划分进行。

（2）混凝土预制件结构按混凝土预制件构件质量验收部分、混凝土预制件构件吊装质量验收部分、部分现浇混凝土质量验收部分、混凝土预制件结构竣工验收与备案部分四个部分划分。

6.3.4　任务评价

施工质量是根本,决定着建筑物的寿命,让学生能够深入了解施工质量检查规范标准,以及如何进行检查的方法。可通过评价表 6-9 对学生学习情况进行评价,本课程的学习评价主要采用个人学习任务描述、小组学习任务检查和教师评价相结合的方式,综合考虑了学生的课堂表现、成果完成过程和学习成果情况等因素进行综合评分。

表 6-9　学习评价表

评价指标	个人任务完成情况描述	小组检查	教师评价	分值	得分
课前准备				10	
学习过程				10	
学习态度				20	
学习纪律				10	
成果完成				15	
课后拓展				10	
自评反馈				25	
	汇总得分				

任务小结

任务 6.4　装配式建筑施工安全管理

6.4.1　任务描述

在建筑的施工现场中,安全管理主要分为施工技术和施工安全。施工安全中存在的隐患大多是在非施工过程中产生的,例如,用水、用电、防护安全以及一些施工仪器、器具的使用摆放等,这些安全隐患都可以通过加强施工安全管理来进行一定的限制。例如在构件安装的过程中,由于吊装方法、定位方法的不同,分为 PC 构件堆放安全、PC 构件吊装安全、临时支撑安全以及施工中产生隐患等。施工安全和技术管理是工程管理中的重要组成部分,由于疏于管理引起的疏漏,将对整个工程埋下安全隐患。

6.4.2　任务分解

1. 施工现场的安全管理有哪些内容?

2. 构件吊装过程中应注意哪些安全事项?

3. 高处作业的安全要求有哪些?

6.4.3　任务实施

1. 重难点

(1) 构件吊装的安全管理要点。

(2) 施工安全的准备。

（3）高处作业的防护。

2. 分组安排

具体任务分组安排如表 6-10 所示，教师可根据现场情况进行分组安排。

表 6-10　学习分组表

班级		组号		指导教师	
组长		学号			
组员	任务分工		任务准备情况		任务学习进度

3. 任务学习内容

1）施工单位岗位安全职责

（1）施工单位应依据《建筑施工企业安全生产管理规范》(GB 50656—2011)通过安全生产管理体系的外审。

（2）施工单位应及时编制装配式建筑施工的质量、安全专项方案，并按规定履行审批手续。

（3）对于采取新材料、新设备、新工艺的装配式建筑专用的施工操作平台、高处临边作业的防护设施等，其专项方案应按规定通过专家论证。

（4）施工总包单位应针对交叉施工的环节，在分包合同中明确总分包责任界限，以有效落实安全责任；并协调督促各分包单位相互配合，有效落实施工组织设计及专项方案的各项内容。分包单位应服从总包单位的总体施工调度安排，特别是吊装分包单位应加强和其他分包单位的协调配合。

（5）现场从事预制构件吊装的操作工人须持建筑施工高处作业的特种工种上岗证书。

（6）施工单位应大力推进 BIM 技术的运用，以使工序、工艺、设施设备符合质量、安全的相关要求。

（7）施工总包单位应根据施工现场构件堆场设置、设备设施安装使用、因吊装造成非连续施工等特点，编制安全生产文明施工措施方案，辨识危险源及重大安全隐患的规避、消除措施，保证严格执行。

2）施工现场安全管理

（1）针对装配式混凝土建筑的施工特点应对重大危险源进行分析，制定相应危险源识别内容和等级并予以公示，制定相对应的安全生产应急预案，并定期开展对重大危险源的检查工作。

（2）为加强装配式混凝土建筑施工全过程的安全管理，宜应用 BIM 信息化技术、物联网技术等手段。

（3）预制构件、安装用材料及配件等应符合国家现行有关标准及产品应用技术手册的规定，并应按照国家现行相关标准的规定进行进场验收。

3）施工安全准备

（1）施工单位应在装配式混凝土建筑工程施工前组织工程技术人员编制专项施工方案，按照安全生产相关规定制定和落实项目施工安全技术措施。

（2）施工现场总平面布置图中，应满足各类预制构件运输、卸车、堆放、吊装的安全要求，明确大型起重吊装设备、构件堆场、运输通道的布置情况。

（3）在地下室顶板等结构部位设置临时道路、堆放场地时，施工单位应进行计算复核，若不符合要求，应进行加固处理，并经设计单位确认。

（4）根据施工进度和预制构件的总量，构件堆放场地有效面积不宜小于楼层面积的1/2，且应在现场吊装起重机械覆盖范围内，预制构件不宜二次搬运。

（5）构件堆放场地应设置围挡及警示标志；场地、道路应平整坚实、排水畅通，并应进行承载力验算。

（6）现场配置的吊运起重机械的规格和数量应满足预制构件进场、卸车、堆放、吊装等作业的要求。

（7）施工作业使用的专用吊具、吊索、定型工具式支撑、支架等，应进行安全验算，使用中进行定期、不定期检查，确保其安全状态。

（8）安装作业开始前，应对安装作业区进行围护并作出明显的标识，拉警戒线，根据危险源级别安排旁站，严禁与安装作业人员无关的人员进出。

4）构件吊装安全管理

（1）每班作业时宜先试吊一次，应先将预制构件提升300mm左右，停稳构件，检查钢丝绳、吊具和预制构件状态，确认吊具安全且构件平稳后，方可缓慢提升构件。

（2）在构件起吊、移动、就位的过程中，信号工、司索工、起重机械司机应协调一致，保持通信畅通，信号不明不得吊运和安装。

（3）预制构件在吊装过程中，宜于构件两端绑扎牵引绳，并应由操作人员控制构件的平衡和稳定，不得偏斜、摇摆和扭转。

（4）平卧堆放的竖向构件在起吊扶直过程中的受力状态宜经过验算复核；在起吊扶直过程中，应正确使用不同功能的预设吊点，并按设计要求和操作规定进行吊点的转换，避免吊点损坏。

（5）采用行走式起重设备吊装时，应确保吊装安全距离，监控支承地基变化情况和吊具的受力情况。

（6）预制构件离安装面大于1m时，宜使用牵缆绳辅助就位，待预制构件降落至距地面1m以内方准作业人员靠近，就位固定后方可脱钩。

（7）夜间不宜进行吊装作业，大雨天、雾天、大雪天及五级以上大风天等恶劣天气时不得进行构件吊装作业。

5）构件连接安全管理

（1）灌浆施工前，须对灌浆料的性能指标进行检测。并应加强全过程质施工过程宜留存影像资料。

（2）冬季进行钢筋灌浆连接施工时，应采用专用低温型灌浆料，并采用辅助加热保温措施。

（3）采用钢筋套筒连接的竖向构件吊装就位后，应及时进行灌浆连接。

（4）夹心保温外墙板后浇混凝土连接节点区域的钢筋连接施工时，不得采用焊接连接。

（5）采用干式连接的构件，在连接节点永久固定、结构形成可靠连接后，支撑装置方可拆除。

（6）预制构件卸钩应在校准定位及临时支撑安装完成后进行，作业人员应位于可靠的立足点上。

（7）竖向预制构件就位安装时，应采用专用工具将竖向构件的标高调整到位，作业人员不应将手伸入拼装缝内。

6）现浇结构施工安全

（1）现浇结构施工严禁切割、拆除、损坏预制构件预留钢筋、支撑架、角码、螺栓等部件，不应在现场对预制构件进行二次切割、开洞。

（2）水平预制构件两端支座处的搁置长度应满足设计要求，搁置处的受力状态应保持均匀一致。

（3）当现浇部位模板支撑在预制构件上时，应对预制构件承载力进行复核计算。

（4）现浇结构与预制构件连接处节点宜采用工具式组合模板，连接处混凝土宜采用机械振捣方式一次性浇筑密实。

（5）竖向现浇构件模板宜采用对拉螺杆加固，局部应采取防倾覆措施。预制构件深化设计、加工时，宜提前预留用以与模板相连的对拉固定孔位。

（6）在水平叠合浇筑构件吊装完成后、现浇部位施工前，应按施工方案要求，对临时支架进行验收。

（7）叠合板钢筋绑扎完成后，应采用定位模具对墙、柱竖向预留插筋进行限位，保证竖向受力钢筋位置准确。

（8）对于承受预制构件的高大模板体系，其设计、施工应符合危险性较大分部分项工程的相关规定。

7）高处作业

（1）临边进行预制构件安装，作业人员应站在预制构件的内侧。

（2）构件卸车挂吊钩、就位摘取吊钩时应设置专用登高工具及其他防护措施，严禁沿构件攀爬。

（3）装配式混凝土建筑施工宜采用自动化、机械化、工具式的施工工具、设备。

（4）外防护体系宜根据结构形式，采用附着式升降脚手架，经验收合格方可使用。

（5）附着式升降脚手架施工方案编制应符合危险性较大的分部分项工程管理相关法律法规及相关标准规范的要求。

（6）附着式升降脚手架的附墙支座、悬臂构件严禁设置在预制构件上。

6.4.4　任务评价

施工安全技术标准必须严格遵守,贯穿于整个施工过程,通过本任务的学习,让学生能够深入了解施工现场安全施工管理要点,以及如何进行安全监督检查。可通过评价表 6-11 对学生学习情况进行评价,本课程的学习评价主要采用个人学习任务描述、小组学习任务检查和教师评价相结合的方式,综合考虑了学生的课堂表现、成果完成过程和学习成果情况等因素进行综合评分。

表 6-11　学习评价表

评价指标	个人任务完成情况描述	小组检查	教师评价	分值	得分
课前准备				10	
学习过程				10	
学习态度				20	
学习纪律				10	
成果完成				15	
课后拓展				10	
自评反馈				25	
汇总得分					

任务小结

任务 6.5　装配式建筑施工进度、成本与合同管理

6.5.1　任务描述

在市场化、法制化不断完善的大背景下,施工中建筑工程合同管理与成本管理和成本控制已经成为当前企业管理制度中重要内容之一,在建筑工程施工当中做好合同管理以及成本管理的工作,就可以有效地控制施工成本。建筑工程施工中如何科学合理有效地规范合同管理,优化成本管理,强化成本控制,直接关系到施工企业的竞争力,甚至关乎施工企业的生存与发展。施工企业进行成本控制,一个重要原因就在于成本往往与盈利是相对的,只有将成本具体确定下来,才能对将来的收益作出正确、合理的判断,使资金和资源发挥出最大的作用,提高施工企业的经济效益。

6.5.2　任务分解

1. 施工进度控制中的备料管理有哪些方面?

2. 在装配式建筑项目施工过程中,如何科学管理降低成本?

3. 针对施工阶段的合同管理要注意什么?

6.5.3　任务实施

1. 重难点

(1) 备料管理的科学性。

(2) 合同管理的要求。

(3) 施工过程中的合理规划,降低成本。

2. 分组安排

具体任务分组安排如表 6-12 所示,教师可根据现场情况进行分组安排。

表 6-12　学习分组表

班级		组号		指导教师	
组长		学号			
组员	任务分工	任务准备情况		任务学习进度	

3. 任务学习内容

1) 施工进度控制管理

(1) 备料工作管理

对于装配式建筑工程而言,各种预制件是其基本组成部分,而施工进度控制管理工作的基础就是现场备料的精细化管理。现场备料应该充足,避免反复进行预制件运输工作,造成施工时间增长,频繁运输预制件也增加了其在运输过程中受损的风险,至少满足工程建设中的两层工程建设需求。材料使用应该根据装配作业的具体需求科学分配,领取预制件必须保障原有工程彻底完成。在预制件堆放过程中要保障有足够的施工作业通道,因此要注意堆放间距,通常为了保障预制件之间不互相影响,并留出一定的施工通道,预制件堆放间距应该在 1m 以上,并且应该根据施工时间顺序来进行预制件堆放,这样就能够根据施工进度由近及远合理取料。

(2) 施工场地保障

在施工作业正式开始前,根据具体的工程建设需求,清理施工场地,保障相关车辆设备能够顺利进入预订施工位置,并且要保障转场的便捷性。在施工场地的保障工作中,对于路宽以及限高都要进行详细分析,要充分考虑到车辆设备的行进需求,道路设计时,应该考虑到多种车辆设备同时在现场进行作业,要保障所有车辆设备在运转过程中互不干扰且转场过程中道路通畅,还考虑备料堆放位置以及塔吊的具体覆盖范围,要保障无论是运载车辆还是施工作业车辆设备都能够在塔吊的实际作业范围内,这样才能够保障所有预制件在现场得到合理的分配和堆放,有效保障施工进度。

（3）提升施工人员专业技术

在施工作业前由专业技术人员对施工队伍进行技术培训,针对不同工程部分的重难点装配技术进行分析,以最简洁明了的解释方式来做好施工人员的技术培训工作。同时也要在人员配置上做好管理工作,每个班组都应该有明确的人员配置,包括施工人员、质量技术人员等,保障所有班组在施工过程中均能够得到全方位的管理,避免出现技术问题进而影响整体施工进度。

2）施工阶段成本与合同管理

（1）合理确定施工顺序

在装配式建筑项目施工过程中,项目经理需要结合装配式建筑的施工特点制定出科学合理的施工顺序,根据施工特点合理选择施工机械,裁定最合适的施工方案。PC构件的安装快慢对施工阶段的成本有很大影响。因此,要结合施工现场计算使用起重机的频率位置,以降低部件库存和二次处理情况的发生。同时需要加大信息化应用程度,利用现场管理和施工过程中的仿真模拟,优化生产设计和施工流程,方便施工交底和施工指导,并直观彻底地向现场作业人员传达需要的信息,防止因人工操作不当造成成本消耗。在EPC模式中,原始现场施工被分成两个部分:工厂制造和现场组装,可实现空间的交叉流动操作和缩短整个施工时间。

（2）优选运输方案与提高搬运效率

应对预制品厂到施工现场沿路的限高、限重条件进行仔细统计,并根据运输构件的物理特性进行分析,选择最佳配型车辆和线路,在保证质量安全的前提下,尽可能地降低成本的消耗。因装配式建筑预制构件标准化程度高,可以同时预制符合构件要求的搬卸工具及运输支架,从而提高效率降低成本。

（3）降低施工安装费用

在工作面允许的前提下,尽可能做到同步施工,避免出现大量工人窝工和机械闲置,提前优化施工资源计划,安排布置最为合理的施工流水,尽量保证施工现场保留最少的施工人员和租赁满足施工需求的机械设备,有效降低人工和机械的费用支出。不断改进工艺工法,降低施工成本和全生命周期的维护成本,优化结构体系方案,提高建筑组成部分的预制率,尽可能地进行工厂生产,减少现场施工。

（4）优化合同管理

应培养具有专业知识水平的合同管理人员,在项目签约初期,全面分析施工中可能存在的争端、索赔事项,提前落实到合同中的具体条款,并在施工过程中仔细研究因施工实际产生变化的多样性产生新的纠纷问题,并通过正规的渠道,与项目各个参与方签订补充合同,合理规避风险,可以利用信息化的智能平台,对合同进行整体管控,保证信息的完整性和合同调整的灵活性。

6.5.4 任务评价

施工进度、成本和合同管理,都是作为施工负责管理人员必备的能力,关系施工现场的作业高效、材料节约和快速推进的现场整体管理水平,保障施工按期完成。可通过学习评价表 6-13 对学生学习情况进行评价,本课程的学习评价主要采用个人学习任务描述、小组学习任务检查和教师评价相结合的方式,综合考虑了学生的课堂表现、成果完成过程和学习成果情况等因素进行综合评分。

表 6-13　学习评价表

评价指标	个人任务完成情况描述	小组检查	教师评价	分值	得分
课前准备				10	
学习过程				10	
学习态度				20	
学习纪律				10	
成果完成				15	
课后拓展				10	
自评反馈				25	
	汇总得分				

任务小结

项目小结

　　本项目主要介绍构件材料管理、装配式建筑施工现场管理、质量管理、安全管理、建筑施工进度、成本与合同管理等内容,通过学习任务的深入开展,使学生了解装配式建筑施工管理的内容,熟悉施工管理的制度,掌握施工管理的基本方法,具备初步施工管理的能力,能对装配式建筑项目的质量、安全等方面能提出有效管理措施。

知识链接

微课:装配式　　　　微课:装配式　　　　微课:装配式施工
施工的安全管理1　　施工的安全管理2　　的安全管理3

参考文献

[1] 肖在,徐运明. 装配式混凝土建筑施工技术[M]. 2 版. 长沙:中南大学出版社,2021.

[2] 王鑫. 装配式混凝土构件制作与安装[M]. 重庆:重庆大学出版社,2021.

[3] 吴耀清,鲁万卿. 装配式混凝土预制构件制作与运输[M]. 郑州:黄河水利出版社,2017.

[4] 陈安生. 防水工程施工[M]. 北京:化学工业出版社,2011.

[5] 郭学明. 装配式混凝土结构建筑的设计、制作与施工[M]. 北京:机械工业出版社,2017.